U0609418

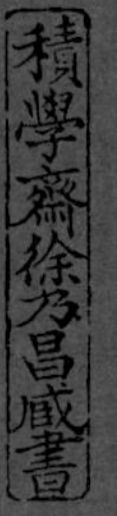
積學齋徐乃昌藏書

[清]龙炳垣 编撰 韩石山 释义

读书做人谱

山西出版传媒集团 三晋出版社

出版说明

《读书做人谱》，系清代同治年间四川学者龙炳垣先生编撰。

全书裒集古今名贤言行事迹，分门别类，略加评点，对士人的品格修炼、立身行事、言谈举止，提出具体的规范、诚挚的训诫。这些规范与训诫，虽时过境迁，未必全都合乎现代社会的理念，但从整体上看，仍可说是一部有价值的关乎人生修养的著作。对少年儿童品质的养成，对年轻人品格的提升，对成年人修养的完善，均有相当的借鉴作用。

为此，本社特请韩石山先生做了简注与释义，使之更易于理解。

所用底本为清代末期民国初年著名藏书家徐乃昌先生藏本，系原晋先生提供。

三晋出版社

二〇一六年一月

校释凡例

一 为便于阅读，原文一律采用新式标点。

二 原文中龙炳垣先生的评点部分，较引录史实文句，均低一格，现取齐。

三 文中所引古人的话语事迹，均用典籍原文校对。遍查不得者除外。凡出自“四书”中的语句，采用底本为朱熹《四书章句集注》。其他经籍，采用《十三经校注》。文中引用经典语句，都很简略，不再指明出处。过分简略者，除指明出处外，并征引全句。

四 原文明显倒字、错字，径改，不出注。如第二章《士谱》中，“讦谟 ”当为“讦谟”之误，径改。第七章《交友谱》中，有“僝马”一词，当为“孱马”，径改。第十一章《杂记》“圣贤之学，不贵能知而责能行”一句中,“责”字当为“贵”字，径改。不妨碍文义者，不改。如第十章《师谱》中提及朱熹著作《沧州论学者》,“论”字应为“谕”，不改，注中说明。也有字形相异而字意相同的，如文中作为疑问词的“与”，有时也写作“欤”，不改。

五 原文人名，稍为生僻者，作简注。列生卒年、朝代、乡里、表字、任职等项。查不出者，暂付阙如。

六 释义部分，尽量紧贴原文；纵有发挥，以不害原文意旨为度。

目录

出版说明 / 001

校释凡例 / 001

一　总论 / 001

二　士谱 / 047

立品 / 049

改过 / 064

责己 / 070

克己 / 077

㧑谦 / 081

去骄 / 087

养气 / 089

三　孝谱 / 107

无私 / 109

色养 / 112

几谏 / 114
锡类 / 117

四 弟谱 / 121
敬爱 / 123
义类 / 125
德感 / 127

五 忠谱 / 131
正君 / 133
荐贤 / 136
勤政 / 138
爱民 / 141
清廉 / 145
虚怀 / 148
谏诤 / 151
刑罚 / 165
大节 / 171

六 夫妇谱 / 187
德感 / 189

和睦 / 191
偕老 / 194

七 交友谱 / 201
择友 / 203
受善 / 206
忘年 / 208
恤难 / 210

八 仁民谱 / 215
全节 / 217
矜孤 / 222
恤寡 / 225

九 爱物谱 / 231

十 师谱 / 237

十一 杂记 / 271

原跋 / 299

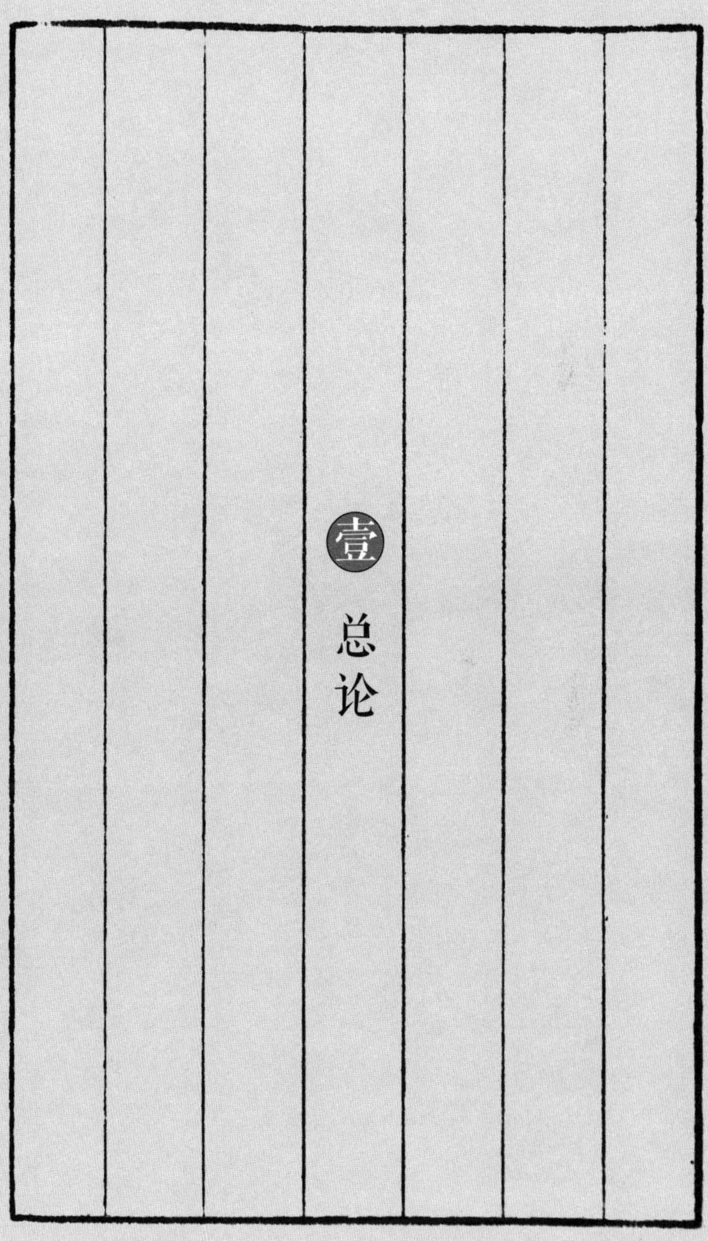

壹 总论

学者读书，当思古人为何传这一部书，为何说这一番话，又要思我辈为何要诵读这些书，为何要讲究这些话。想得明白，读书之下，自会做人。

不会画者有画谱，不会文者有文谱，不会琴棋书算者，有琴棋书算之谱，岂做人而独无谱乎？吾谓圣贤书籍，都是做人谱子。学者读书，苟能即其言而会之于心，体之于身，照此做去，大之可为忠臣孝子，小之可做端人正士，神而明之，则又做贤人做圣人。然则以书为谱，不异于技艺之小谱哉！

释义：

这本书的作者龙炳垣先生，可说是个奇人了。饱读诗书不用说，奇在思维的新颖奇突。竟由“画谱”、“文谱”、“棋琴书算之谱”想到“岂做人而独无谱乎”。常人想一想就过去了，他不光想了，还做了——编写了这么一本《读书做人谱》。不是教你怎样读书，而是教你读了这本书怎样做人。当然，他这一套做人的方法，不可避免地带上那个时代的

不會畫者有畫譜。不會文者有文譜。不會琴棋書算者。
有琴棋書算之譜。豈做人而獨無譜乎。吾謂聖賢書籍。
都是做人譜子。學者讀書。苟能即其言而會之於心。體

印记。这话只能这么说说，实际上，无论古今中外，在做人上有许多原则，是亘古不变，中外咸同的，比如诚实，比如友爱，比如孝顺，等等。

这位龙先生,一点儿也不迂腐。他不是列了书上多少条条，让人去背诵，去遵从，而是列举了中国历史上许多文臣武将、名士高人的事迹，参照四书五经等典籍上的言论，具体地说明这个人读了什么书，才做了这样的事。可说是，把书读到心里去了，落实到行动上去了。这才是会读书，会做人。只有这样的读书，这样的做人，才可说是“读书做人谱”。

再就是，他劝人遵照他这个“谱子”做人，并不是要求人人都去做“贤相”，做“名臣”。他知道这是不可能的。当了“相”的才有可能做“贤相”,当了“臣”的才有可能做“名臣”，不是谁都可能为臣为相的。于是他将做人分作了两个层面，一个是忠臣孝子，一个是端人正士。关键在于是不是能体察圣贤之言，“会之于心，体之于身”，真正做到了，不管你的职守是什么,都能成为一个品德高尚的人。做臣子是忠臣，做儿子是孝子，就是无职无权，无亲老孝敬，也是个正正派派的人——端人正士。再进一步，若能“神而明之”，那可不得了，不止是做个忠臣孝子、端人正士，就是成为贤人圣人，也不是不可能的。

父子有亲，君臣有义，夫妇有别，长幼有序，朋友有信。[①] 此五者是做人的老谱子。自舜命契[②]，至今数千百年，莫之或易。盖道莫大于此，学莫重于此，欲做人者，舍此亦更无做处矣。故孔子告哀公，欲以三达德，行五达道。[③]朱子《白鹿洞揭示》[④]，既明学之之序，又以修身、处事、接物终之，是又学老谱之要道也。

简注：

①父子有亲句：语出《孟子·滕文公上》。全句为："圣人有忧之，使契为司徒，教以人伦：父子有亲，君臣有义，夫妇有别，长幼有叙，朋友有信。"此五指后世视为五伦。

②自舜命契句:舜曾任命契为司徒，主管民众的教化。契，亦作偰、卨，音 xiè，传说中商的始祖，子姓。

③孔子告哀公句：语出《中庸》第二十章。全句为："天下之达道五，所以行之者三。曰：君臣也，父子也，夫妇也，昆弟也，朋友之交也。五者，天下之达道也。知、仁、勇三者，天下之达德也，所以行之者一也。"

④《白鹿洞揭示》: 即《白鹿洞书院揭示》，是朱熹在庐山白鹿洞讲学时定的教学宗旨，也叫《白鹿洞书院学规》。白鹿洞书院在江西庐山五老峰东南。

释义：

这一段将"五伦"作为做人的"老谱子"，是有用意的。儒家最讲究做人的道德，而人生在世做人的主要方面，就是这五种人际关系。这些人际关系处理好了，做人也就可以说基本成功了。这里，在指明五种人际关系的同时，均用一个字，说明处理好这一种关系的关键处，或说是着力处。父子之间讲究的是“亲”，君臣之间是“义”，夫妇之间是“别”，长幼之间是“序”，朋友之间是“信”。

父子有亲、君臣有义、长幼有序、朋友有信，都好理解，稍难理解的是夫妇有别。说开了一点也不难理解。有别，是说，夫妇分男女，共建一个家庭，在这个家庭里，丈夫和妻子，要承担起各自的责任。比如过去说的，男主外，女主内，就是一种别。只有各自明确自己的责任且尽力完成，才是一个和谐美满的家庭。

要弄明白的是，“三达德”与“五达道”的关系。五达道，就是前面说的五伦，三达德，就是知、仁、勇。简略地说，五达道是目的，三达德是能力，以三达德的能力，实现五达道的目的。互相为用，不可偏颇。只有这样，做起来就一致了，即“行之者一也”。

至于《白鹿洞揭示》即《白鹿洞学规》，如何“既明学之之序，又以修身、处事、接物终之”。这个只要看《学规》的原文就明白了。《学规》原文,在后面的《师谱》里全文引用了，这里就不重复了。

为了方便对接下来的篇章的理解，还是将“学之之序，又以修身、处事、接物终之”的内容，简略地介绍一下。

学之之序有五：博学之，审问之，谨思之，明辨之，笃行之。

简称：学问思辨行。这个办法，是用来穷理的，即探讨事物的原理的。

修身之要是：言忠信，行笃敬，惩忿窒欲，迁善改过。

处事之要是：正其义，不谋其利，明其道，不计其功。

接物之要是:己所不欲，勿施于人，行有不得，反求诸己。

这样就知道，龙先生所说，“朱子《白鹿洞揭示》，既明学之之序，又以修身、处事、接物终之”是什么意思了。

千万别以为《学规》上的这些话，都是朱老先生自个儿编下的，他老人家才不会这么傻。自个儿编的，谁信？这些话都是圣人们说过的,他不过是将之系统化,也理论化了。在《学规》全文的后面，他老先生还有一段话，就把这个意思说清楚了。其中说:“圣贤所以教人之法,具存于经。”他的这个《学规》，可说是用圣贤的话连缀起来的。试一一指明。

五教之目，前面已说了，出自《中庸》第二十章，是孔子的话。学之之序的几句，也是出自《中庸》第二十章。修身之要四句中“言忠信，行笃敬”，出自《论语·卫灵公第十五》，是孔子的话。下面两句“惩忿窒欲，迁善改过”，出自周敦颐的《通书·乾损益动第三十一》，意思是惩戒愤懑，窒息贪欲，向往善良，改正过失。

处事之要两句，“正其义，不谋其利;明其道，不计其功”，化自《春秋繁露·对胶西王越大夫不得为仁》:“仁人者正其道不谋其利，修其理不急其功。”

接物之要两句中，“己所不欲，勿施于人”，出自《论语·颜渊第十二》。“行有不得，反求诸己”，出自《孟子·离娄上》，意思是：做事达不到预期的效果，要反过来责问自己有什么地方做得不对。

可别小看了这个《学规》。据蔡厚淳先生的一篇文章介绍，这个《学规》自问世以来，一直作为封建社会教育的共同准则。南宋淳祐二年（1242），"理宗诏颁《白鹿洞学规》于各州府县立石"。这样《白鹿洞学规》便成为全国性的书院和学校的"教规"了。这位作者还说：朱熹的这个《学规》，"对后世书院和学校的学风建设创了一个良好的开端，它有利于书院和学校的管理，有利于学员的读书上进，同时也有利于教书育人。""即使今天看来，只要轻轻地抹去蒙在它上面的历史灰尘，它就会闪耀璀璨的光芒！"

这末一句话，用样适用于这本《读书做人谱》，只要轻轻地抹去此书上面的历史灰尘，它就仍会闪耀璀璨的光芒。这样一说，也就知道《读书做人谱》是一本什么样的书了，也就理解我们为什么要这样精心地注释，这样恳切地推荐这本书了。

《大学》[1]是做人之总谱子。经曰："自天子以至于庶人，一是皆以修身为本"。盖总括言之，以为古今上下做人之谱也。但此书当以朱子定本为是。陆清献公[2]云："自朱子定后，如天平地成也，妄从古本者，恐有生今反古之愆。"

前始終都舉。先要人識心性下落。卻下工夫去做

論孟二書或示人以一事之譜或示人以數事之譜或
示人以全體之譜蓋大譜也朱子云聖人教人零零星

《中庸》是传道之真谱子。子思子[3]因异端以伪乱真，特以“中庸”二字，指出圣人真道，故朱子作序，一则曰忧道学之失传，再则曰恐愈久而愈失其真。且真即诚也，其道真实无妄，故其功极于至诚而无声臭，则亦真之至矣。

《论》《孟》二书，或示人以一事之谱，或示人以数事之谱，或示人以全体之谱，盖大谱也。朱子云：“圣人教人，零零星星，说来说去，合来合去，合成一个大物事。”又曰：“孔子教人，只从中间起，便使人去做工夫，久则自知向上。孟子则始终都举，先要人识心性下落，却下工夫去做。”

简注：

①《大学》：与下文提到的《中庸》，均为《礼记》中的一篇。朱熹甚为推重，将之单独抽出，与《论语》《孟子》合在一起，合称“四书”。

②陆清献公：陆陇其(1630—1692)，字稼书，浙江平湖人。康熙九年进士，官至四川道御史。著有《困勉录》《三鱼堂文集》。死后追谥清献。

③子思子：子思，姓孔名伋，字子思，孔子之孙。因其上承孔子中庸之学，下启孟子心性之说，后世仿孔子、孟子之例，尊为子思子。

释义：

过去看书，觉得朱熹这个人也太霸道了，对《大学》《中庸》二篇，不管当初程颢、程颐兄弟如何推重，人家也没有单独拿出来，与《论语》《孟子》合编在一起，称为“四书”，与“五经”并列，作为儒家的经典。到了你朱熹手里，说做就做了。后来读书多了，方悟出，朱老先生不光用心良苦，而且学问真好。他将这两篇单独提出，是有他的道理的，不光理念上契合无间，学术上也牢牢靠靠。中华书局出版的《四书章句集注》，编者在《点校说明》里，将此中的缘由说得甚是清楚：

> 朱熹祖述二程的观点和做法，特别尊崇《孟子》和《礼记》中的《大学》《中庸》，使之与《论语》并列。认为《大学》中“经”的部分是“孔子之言而曾子述之”，“传”的部分是“曾子之意而门人记之”，《中庸》是“孔门传授心法”而由“子思笔之于书以授孟子”。四者合起来，代表了由孔子经过曾参、子思传到孟子这样一个儒家道统，而二程和自己则是这一久已中断的道统的继承、发扬者。

这段话，大体说来，说的是实情，只是今人的文章，说到古人，总爱带点批判的味儿。比如最后一句，给人的感觉，好像是朱老先生做这一切，全是为了标榜自己，扬名显身似的。这就不对了。志气和虚荣，该是两回事。古代有良知有作为的读书人，哪一个不是抱定一个雄心，像北宋的张载先生说的那样，“为天地立心，为生民立命，为往圣继绝学，为万世开太平”。只能说好多人空有此心而没有做到，朱老先生既有此心且努力去做。毕竟是中华书局，只是有这么个意思，说的也还客气。

还是说正事。看了这段话，就知道朱老先生的立论，是多么庄重，多么严谨，不像今人，地位一高，名气一大，不管有没有道理，也不管前言是否搭了后语，就自以为是多么了不起的名言谠论。

《大学》《中庸》《论语》《孟子》，既然这么重要，朱老先生便将之编在一起，合称为"四书"并作了自己的注释。有人说，朱老先生原先不是这样排列的。原是《大学》下来是《论语》，再下来是《中庸》，再再下来是《孟子》。这样排列，由浅显到深奥，一步一步深入，便于学习理解。这个说法，怕没有什么道理。谁也不能说，《孟子》比《大学》更深奥。我倒是相信，朱老先生当初确实是这么个顺序，所以这样，正如前面引录的《点校说明》中说的，是为了理清儒家学说的道统，便于讲授传承。

持由浅显到深奥说法的人，对现在这样的顺序，还有个自圆其说的说法，说是《大学》和《中庸》篇幅都不大，刻版印制的人为了操作方便，便将《中庸》提到《论语》之前，跟《大学》放在一起了。这样说怕也没什么道理。工匠做事，有自己的顺序，谁也无可指责。即便真的先刻了《中庸》，到了合版的时候，也会按主人的顺序颠倒过来。真的由了工匠，若这个工匠做事是先难后易，莫非将来印出的书会是《论语》《孟子》在前，《大学》《中庸》在后？只要想一下，先《论语》《孟子》，再《大学》《中庸》，这样的排列多么别扭，就知刻版方便之说，多么荒谬了。再说，雕版印书，都是有身份有地位的人主持的，如何排列，自是主人说话算数，哪会容得雕版之人任性胡来？

不必追究现在的排列顺序是怎么来的了。我倒觉得，这样排列，更合乎一个理论体系的样子，或者说更像个理论建构的架子。一是先概括，再具体，二是目标、途径、方法，层次分明。用龙老先生正文里的话说，《大学》是做人的总谱子，即总论；《中庸》是传道的真谱子，即途径；《论语》和《孟子》是大谱子，即达道的方法。

为什么说《论语》和《孟子》是达道的方法呢？还是正文里说得好："或示人以一事之谱，或示人以数事之谱，或示人以全体之谱。"也就是说，是教做人的具体的办法。文中引用了朱老先生的话，把这个道理说得就更透了："圣人教人，零零星星，说来说去，合来合去，合成一个大物事。"

以我的体会，读《论语》和《孟子》，要有不同的着眼点。读《论语》要体味一个"情"字，凡事都要合乎人情，一不合乎人情，孔老先生就不高兴了，就要赌咒发誓，说"天厌之，天厌之"(《论语·雍也第六》)了。读《孟子》则要体味一个"理"字，凡事都要讲理，治国要讲理，杀一只羊也要讲理，一不讲理，孟老先生也要把天请出来说话了，要么说"逆天者亡"，要么说"天命靡常"(《孟子·离娄上》)。总括这两本书的要点，只有四个字，就是"入情入理"，或者说"合情合理"。这样一来，就把《四书》的精义揭示出来了。

《大学》立下五伦，奉为做人的根本法则。《中庸》指出致此境界的途径，即不偏不斜，规规矩矩地走正中间那条路。《论语》和《孟子》，指出做人办事的方法，入情入理。真要按这几条做了，回到古代，还怕你不是一个体体面面、堂堂正正的忠臣孝子？搁在当今，还怕你不是一个“五讲四美三热爱”的好公民吗？这一节里最重要的，是开头引用《大学》里的那句话：“自天子以至于庶人，一是皆以修身为本。”这句话，起头标明“经曰”，这是因为《大学》里的文字，分两部分，一部分是“经”，一部分是“传”。按朱子的说法，经是“孔子之言而曾子述之”。传呢，则是“曾子之意而门人记之”。

这句“经”，还要阐述一下。《大学》里的原话是：

> 古之欲明明德于天下者，先治其国。欲治其国者，先齐其家。欲齐其家者，先修其身。欲修其身者，先正其心。欲正其心者，先诚其意。欲诚其意者，先致其知。致知在格物。

这几句话，后世概括为十二字：修齐治平，正心诚意，格物致知。这是从大处着眼，一步一步地退下来，由果求因，最后落在“格物”上。也就是，只具备丰富的学识，“穷至事物之理”，才能一步一步地往前做起。

若是由因求果，就不一样了。因此，《大学》里接下来又说：“物格而后知至，知至而后意诚，意诚而后心正，心正而后身修，身修而后家齐，家齐而后国治，国治而后天下平。”从后往前推，前面概括的十二个字就成了：格物致知，正心诚意，修齐治平。再下来才是那句：“自天子以至于庶人，一是皆以修身为本。”

这句话里，大有深意，最当体味的，不是修身的步骤，而是“自天子以至于庶人”这几个字。也就是说，人生在世，以修身为本，是亘古不易的大道理，老百姓要这么做，皇上也要这么做。老百姓不这么做不是好老百姓，皇上不这么做不是好皇上，老百姓这么做了也可以“治国平天下”。当然，这个平天下，不是坐天下，而是帮助皇上，治理国家，让天下太平。皇上不这么做，不用明说，后果可想而知。总之，在这个大道理面前，皇上跟老百姓是平等的。皇上跟老百姓都是平等的了，更别说一级一级的官僚。这个思想非常重要，说有民主意识一点也不为过。

可是看看我们现在是怎样“修身”的呢，不能不让人感叹。

小学生有“小学生守则”，中学生有“中学生守则”，公民有“五讲四美三热爱”，干部有各种“条例”，在组织的人有自己的章法，各行各业又有各自的规则。各守其则，各循其规，平安无事，天下大治。听起来头头是道，实则大谬不然。为什么呢，就在于没有一个“总谱子”、“真谱子”。你给皇上定个规矩，有限制皇上的地方，必然也有关照的地方，同理，给官员定个规矩，有限制官员的地方，必然也有关照官员的地方。到时候，限制的条款遵守不了，关照的条款又一条一条地突破了。小关照成了大关照，大关照成了大攫取。吏治就是这么败坏的。这话说大了，就说学校吧，学生有学生守则，教师有老师的守则，听起来也不错，学生守了学生守则，就是好学生，教师守了教师守则，肯定是好教师。理论是这么回事，实际做起来，怕就不是那么灵光了。道理还是前面的道理，给学生定的条例，肯定有严格要求学生的地方，这些地方，教师能不能做到呢？有人说，既是给学生定的，就不关教师的事。不能这么说。古代的教育方法，不是这样的。它有一个共同的规则，不管是学生，还是教师，都要遵守。这样，学生和教师，互相监督，不怕学生不是好学生，不怕教师不是好教师了。

有了做人的总谱子、真谱子，就不一样了。不管是谁，都照着去做，公民是好公民，干部是好干部，士农工商，五行八作，什么人，做什么事，都差不了。

这正是古来圣贤强调修身的道理。

《小学》[1]一书，是后生做人之小谱子，而实终身做人之大谱也。许文正公[2]云："吾终身敬之如神明。"陆清献公亦曰："《小学》不止是教童蒙之书，人生自少至老，不可须臾离也。"

小學一書。是後生做人之小譜子。而實終身做人之大譜也許文正公云吾終身敬之如神明陸清獻公亦曰

简注：

①《小学》：旧题朱熹撰，实为朱熹与其弟子刘清之合编。宋代以后很长一个时期（到清末），一直是儿童道德教育的主要读本。

②许文正公：许衡（1209—1281），字仲平，号鲁斋。元代怀州河内（今河南沁阳）人。一代通儒。历任中书左丞、集贤大学士兼国子祭酒。谥文正。著有《鲁斋遗书》等。

释文：

龙炳垣先生编撰此书，既名为《读书做人谱》，读书人必读的书，总要一一介绍，且着重说明其在做人上的意义。还有一点，就是极为推崇朱熹老先生编注的书。前面那么推崇《四书》，就是因为朱老先生写过一本《四书章句集注》。比如《大学》原本是《礼记》中的一章，读《礼记》顺便就读了，没必要单列出来再读。不是这么回事。读《礼记》里的《大学第四十二》，跟读朱老先生加了注的《大学》，其差别大到读了和没读一样，说不定还会误导。所以前面引了陆清献公的话说，《大学》一书“自朱子定后，如天平地成也，妄从古本者，恐有生今反古之愆”，就是这个道理。其他三种，也都一样，要读朱熹先生注过的本子。

说完《四书》，按说该轮着《五经》了。且慢，《五经》未经朱老先生“章句集注”，可以缓一缓。读书是从少小就开始的事，怎么能不说说蒙学之书呢？

蒙学，可说是童蒙之学，也可说是发蒙之学，意思是一样的。

朱老先生就编过一本这样的书——《小学》。

小学，我们现在一说，就想到遍布城乡的小学校。过去不是这么回事，说的是一种学问，借用《中国历史大辞典》上的说法是："汉代称文学为小学。隋唐以后，成为文字学、训诂学、音韵学的总称。"而这里说的小学，又有不同，乃是指孩童的启蒙之书。

朱熹和他的学生刘清之合编的这本《小学》，重在道德教育与日常修养。全书六卷，分内外两篇。内篇四章，分别为《立教》《明伦》《敬身》和《稽古》。外篇包括《嘉言》和《善行》两部分。从内容上说，《立教》主要讲教育的重要和方法；《明伦》主要讲"五伦"，即父子之亲，君臣之义，夫妇之别，长幼之序，朋友之交；《敬身》主要讲自身修养的功夫；《稽古》一卷，摘要辑录历代贤达修身敬事的故事，作为《敬身》的证明。外篇《嘉言》和《善行》，分别辑录了汉至宋代贤达的嘉言懿行，作为《立教》《明伦》《敬身》的补充和说明。

知道了内容，也就知道了这是一本怎样的书，也就知道龙炳垣先生为何借重陆清献公的话，对《小学》如此推重了。说它是做人的"小谱子"，绝非轻慢，是说它的作用更为"具体而微"。真的照着做了，终生受益，因此也可说"实终身做人之大谱也"。

历来的思想家，都是非常重视教育的。朱熹是思想家，本身又是教育家，就更重视了。不光写了《小学》这样的课本式的书，还曾制定过一个《童蒙须知》，分衣服冠履、语言步趋、洒扫涓洁、读书写文字、杂细事宜五个方面，一条一条地告诉你，该怎么说话，该怎么做事。没看过的人，或许会认为，全是些封建礼教，真要照着做了，必定会变成一个循规蹈矩、俯首帖耳的小奴才。不是这么回事。书中列出的那些条款，几乎都是跟现代文明相通的，只是更具人情味，更具操作性。比如现在的《小学生守则》里，或许会有一条“勤洗手洗脸”，不会说怎么洗，该书“衣服冠履”里有一条是这样的：“凡盥面，必以巾帨遮护衣领，卷束两袖，勿令有所湿。”再如《小学生守则》必有“尊师敬长”之类的条款，至于师长错了该怎么对待，就不会说，该书“语言步趋”里就说：“长上检责，或有过误，不可便自分解。始且隐默，久却徐徐细意条陈。云：此事恐是如此，向者当是偶尔遗忘；或曰：当是偶尔思省未至。若尔，则无伤忤，事理自明。”这办法多温和，多文明，效果肯定会好得多。从这一条上也看得出，教少年学做人的道理，并非就是让他做一个只知俯首帖耳不辨是非的小奴才。

这就要说到现在的童蒙教育，跟古代的童蒙教育的不同了，不是说现在的就一点也不好，过去的就多么多么好，我不会这么糊涂。而是说，在童蒙教育上，过去的理念跟现在的理念，是不一样的。

过去一上手就是四书五经这些儒家的经典，当然也有个先易后难的顺序，比如先学《论语》《孟子》，再学其他。熟读，熟读，再熟读。然后才会开讲。这就等于在小小年纪，同时完成了识字教育、道德教育和儒家经典的教育。且是在记忆力最好的时期。现在的教育，讲究的是循序渐进，比如识字，先识“口、耳、目，日、月、火”，再学习简短的句子，一步一步到念文章，写文章。科学吗？真科学。可是问一句，费了那么大的力气，背会了“口、耳、目，日、月、火”，将来有什么用？于品德何益？于学问何益？如果一上手就念“学而时习之，不亦悦乎”，字也识了，道理也明白了，真正的经典也知道了，有什么不好？

这里，只是这么说说，并不是要改变现行的教学规范。不过，知道了古代的优长，同时也知道了现代的不足，肯定只有好处，没有坏处。至于怎样取长补短，融合一体，那就是各人自己的事了。此处只是聊备一说而已。

五经[①]**同乎《论》《孟》，不可以一谱拘，而实无一非做人之谱。读者善体会之，自知《诗》不止性情之谱，《书》不止政事之谱，**《礼》不止节文之谱，《易》不止象数之谱，《春秋》不止褒贬之谱：务有以识其全体大用焉。斯不泥于古，而亦不负所传矣。至若我朝章皇帝[②]之六谕，仁皇帝[③]之上谕，宪皇帝[④]之广训，又天下至真至大之新谱也。其言广大精微，其意至诚恳切。普愿为人父兄先生者，以此训诲子弟，实力奉行，且先自奋勉体贴，为子弟榜样。异日出身加民，又以之训导百姓，则普天之下，莫不知做人之法。而圣天子修己治人之道，五經同乎論孟不可以一譜拘。而實無一非做人之譜。讀者善體會之自知詩不止性情之譜。書不止政事之譜。禮不止節文之譜。易不止象數之譜。春秋不止褒貶之譜。務有以識其全體大用焉。斯不泥於古。而亦不負

历万世而长新矣。

简注：

①五经：即下文提到的《诗》《书》《礼》《易》《春秋》五种书的合称。与四书合起来称“四书五经”。

②章皇帝：清世祖爱新觉罗·福临，世称顺治皇帝。章皇帝是谥号。

③仁皇帝：清圣祖爱新觉罗·玄烨，世称康熙皇帝。仁皇帝是谥号。

④宪皇帝：清世宗爱新觉罗·胤禛，世称雍正皇帝。宪皇帝是谥号。

释义：

这一段文字，很容易让人想到“后之视今，亦犹今之视昔”这句老话。龙老先生写此书，写到这儿，突然猛地一个惊悚：把孔子、孟子，连同朱

子朱老先生夸了又夸，要是当今的皇上看到了不高兴怎么办？皇上龙颜一变，责怪下来：难道我朝列祖列宗，嘉言懿行，圣谕种种，就没有一个能当得起你的“读书做人”的谱子吗？这么一想，忙掉转笔头，在大清朝的皇帝中挑了三个写了出来，说他们的《六谕》《上谕》《广训》，乃“天下至真至大之新谱也”。幸亏他还有所节制，只挑了这么三个过世的皇上。要是他知道后世的规矩，一时头脑发昏，从大清的开国君主，一个一个地说下来，那可就是腐儒一个了。

这段话里，该注意的是“异日出身加民，又以之训导百姓”这句话。说白了是，日后科举考试考上了（古代叫中式），当了官，再用这些皇上教训你的话训导老百姓。这话也平常，让我感兴趣的是“出身”二字。

过去多少年，我们这个社会上，一说“出身”，就知道是指你个人或你的家庭的政治身份，同时也是你和你的家庭在这个社会上的资格认定。比如是贫下中农还是地主富农。看了这句话方知，在清季，想来更远些的朝代也是，“出身”是一种经考试甄选后确定的身份，或者说资格。查查书知道，这种说法，唐代就有了。其时举子，中礼部试的称及第，中吏部试的称出身。宋代中殿试的，称及第出身，明清两代，经科举考试选录的，称正途出身。商衍鎏先生在他的《清代科举考试述录》一书中说：“凡科举中之五贡、举人、进士，皆谓之出身，而以进士为止，类于今之学位。官职有升转，而由考试得来之出身，终身带有，不可移易。”这老先生年轻时，曾中过清朝的“探花”，也就是殿试中的一甲第三名。他说的话该是可信的。这也就可以想象，在那个社会里，问一句“敢问出身”,必是谦恭有加,回一声“侥幸进士”,也不敢趾高气扬。一个尊崇学问出身的社会，是一种什么样的情景，就不必多么丰富地去想象了。

为什么说问别人出身时，要谦恭有加，回答时也不敢趾高气扬呢?

道理再明白不过了。既问对方出身，必是个看去像是有出身的人。你是个秀才，对方说不定是个举人，你是个举人，对方说不定是个进士，你是个进士，还有个几甲几名的问题，你觉得自己是二甲第一名，够高的了，万一对方是个榜眼（一甲第二名）呢?回答时不敢趾高气扬，道理相同。

就是你知道对方出身较你为低，也不敢造次，老的万一是个宿儒,看着年轻的,说不定是个少年才俊。学问没有止境，也一眼看不透。不比前多少年看重的政治出身，两个字就判了是非——谁也说不清的一种是非。好在这种简单判定的时代，再也不会回来了。

重视学问出身，还跟封建时代另一个社会风尚有关。过去的官员，读书人也一样，讲究正途出身，就是经过科举获得的功名。非科举出身，比如花了钱捐下的，官再大，学问再好，不是正途出身，别人不说什么，自个儿总会觉得低人一头。公道说，非正途出身的官员，也有干才，做成了大事业的，但毕竟不是主流。

又按，乾隆十四年，诏保举经学云："圣贤之学，行，本也；文，末也。而文中之经术，其根柢也；辞章，枝叶也。翰林①以文学侍从。近因朕每试诗赋，颇致力于词章，而求沈酣六籍②，含英咀华，究经术之蕴奥者，不稍概见。岂笃志正学者鲜欤，抑有其人而未之闻欤？夫穷经不如敦行，然知务本，则于躬行为近。崇尚经术，良有关于世道人心。"后因保举吴鼎③、梁锡玙④等，召对勤政殿，**上曰："你们以经学保举，朕所以用你们去教人，但穷经不在口耳，须要躬行实践，方能教人躬行实践。"天语煌煌，可不儆与！**

简注：

①翰林：皇帝的文学侍从官。唐代起设立翰林院，始为供职具有艺能人士的机构，自

因保舉吳鼎梁錫璵等。 召對勤政殿。 上曰你們以經學保舉。朕所以用你們去教人。但窮經不在口耳。須要躬行實踐。方能教人躬行實踐。 天語煌煌。可不儆與。

唐玄宗后演变为专门为皇帝起草机密诏制的机构，任职者称为翰林学士。明清改为从进士中选拔。

②六籍：即六经，指《诗》《书》《礼》《乐》《易》《春秋》。《乐》已佚。因此后世多说“五经”。

③吴鼎：字尊彝，金匮（今江苏无锡）人。乾隆九年举人，授司业。擢翰林院讲学士，转侍读学士，又迁侍讲学士，旋休致。著有《易例举要》《十家易象集说》等。

④梁锡屿：山西介休人。清代乾隆年间著名经学家、教育家。著有《易学启蒙补》《辛未保举经学录》等。

释义：

这一节，粗粗一看，不过是个故事。乾隆皇帝搞了个“保举经学”，选拔了几个人当翰林，当上以后对他们有一番嘉勉，说：你们是保举上来的，我要用你们去教人。你们在经术上都很好，精通经术不全在嘴上能说，耳朵能听，还要能去做，这样才能教人实际去做。经术是儒家的真理，记得住，说得出，没用，还要“躬行实践”——在实践中细细领会。这位绝顶聪明的皇帝，差点就要说出“实践是检验真理的标准”这样的话了。至少也是有这样的思想雏形。

细一看，可就不一样了。读书要细，读教人做人的书，更是非细不可。细看有什么奥妙呢？仅“保举经学”四字，就值得细细品味。

“保举经学”，光看这四个字，平平常常。皇上颁下诏书，要这么做，就这么做了，没什么可骇怪的。既然常说“野有遗贤”，保举几个上来给个闲职供养着，规矩也没坏，面子也有了，何乐而不为呢？可是你若往下看，就不能不眼睛一瞪了：“翰林以文学侍从。”啊呀，连进士也考不上的人，一保举上来就去翰林院当值吗？须知，纵使考上进士，也只有一甲的那三名，还有二甲的前几名，才能进翰林院，二甲后面的，连想都不敢想，更别说三甲了。

你会惊异，不是说封建时代，科举考试怎样严格，怎样公道吗？原来还有这样的“旁门左道”可不次升迁呀。不过，这不是旁门左道，恰是一个完善的制度必有的补充措施。办法多了。正常的会试、殿试三年一次，遇上特殊情况，还可以加个“恩科”，就是在正常的科考之外，再招考一次。每次科考真的就那么公道，有真才实学的人全都一网打尽吗？谁都知道是不可能的。知道了不足，就要想办法弥补。

各朝都有弥补的办法。到了乾隆，又订了个办法，叫大挑。就是每次会试之后，在连续三年落第的举人里，挑那些体貌端正，言语清楚，有真才实学又有办事能力的人，定出一等二等，分派下去当县长（知县）或教育局长（训导）。这些措施，可说已制度化了。此外还有特科，这“保举经学”，就是乾隆朝开设的特科。保举上了并非人人都授官职，但特别优秀者，还是可以得到特别的重用。比如上文说到的乾隆年间的这次，吴鼎和梁锡屿几位就进了翰林院。

还要做个小小的考证。梁锡屿写过《辛未保举经学录》，可知他是辛未年保举上去的。辛未系乾隆十六年。这么说来，前面说的“乾隆十四年诏保举经学”，怕是龙先生笔误了。要么是这年开始设置这一恩科，而吴梁等人是过了两年才保举上去并授予官职的。不管何种情况，这都无关宏旨。

要说是这个“保举经学”，它是法外施恩，是不次擢拔。更可贵的是，作为“恩科”，至少在清代，是已经制度化了的。

现在我们的重视学历，有点像封建社会的重视科举。公务员录取要本科学历，大学教师聘任，据说先前硕士还行，现在已是非博士不可了。较之“文革”期间的,甚至更早以前，凡事都看政治出身，都看思想品质来，重视学历，唯学是用，无疑是一个进步。但是，什么都怕绝对了。社会的生态，与自然的生态，有一个绝大的相似之处，就是和谐，就是平衡。哪一样绝对了，都会有损这种平衡，给某一类人群造成伤害。比如某人确有真才实学，能够当大学教师，就是没有博士头衔，我们就把他摈弃于大学讲台之外吗？有人会说，民国时期，蔡元培还聘请没有学历的梁漱溟当北京大学的教师，时代进步了，我们怎么还没有这么点雅量？这样说，只是举一个例子，事实是，有多少优秀人才，会因为过分的重视学历而失去为国家为社会贡献才智的机会，耽搁的岂仅仅是个人？

圣贤之书，只为善去恶二端，可以赅括。盖其千言万语，只教人为善去恶，做好人，勿做歹人耳。颜子[①]是圣门第一个好人，夫子犹虑其有不好也，语之曰：非礼勿视，非礼勿听，非礼勿言，非礼勿动。况其下者，敢不从为善去恶间，加意做工？

简注：

①颜子：颜回（前 521—前 481），字子渊，春秋时鲁国人。孔子的学生，被列为七十二贤之首。后世称为颜子。

释义：

“真理都是赤裸裸的”，这是钱锺书小说《围城》里的一句俏皮话。说的不是什么真理，是一个穿着暴露的女孩子，书中的主人公方鸿渐给了她个外号叫“真理”。是俏皮话，却不能说没有道理。这道理便是，真理总是以最简单的方式呈现在人们的面前。

“圣贤之书，只为善去恶二端”，也可以说是这样一个赤裸裸的真理，简单明了，一望便知。

不妨来个简捷的佐证。不管是看小人书，还是看戏剧，小孩子总爱问的一句话是：“谁是好人，谁是坏蛋？”可见好坏的判断，乃是人的天性。这一判断，几乎伴随着人的一生。虽说后来对好坏的判断，加入了更多的理性成分，归根结底，仍不出此二字。

聖賢之書。只爲善去惡二端。可以賅括。蓋其千言萬語。
只教人爲善去惡。做好人。勿做歹人耳。顏子是聖門第我的母亲是个没有文化的人，她平素教育我们弟兄几个，最常说的一句话是："学好！"场合不同，口气会有变化，但学好的内容是不会变的。比如，要出门上学了，怕我淘气，是叮嘱的口气："要学好！"偶尔做了错事，是训斥的口气："怎么不学好！"至于怎么个好，怎么个不好，在她老人家看来，是不用说的。一个七八岁的孩子，怎么会连好坏都分不清呢？

为善去恶，可说是修持的过程，目的嘛，也同样的简单："做好人，勿做歹人耳。"用现在的话说，就是做好人，不要做坏人。

下面说的孔子教颜子的故事，是做好人的典范，同时还有一层意思，稍一体味，不难看出，就是好人的好，是没有穷尽的，好了还要更好。你看嘛，颜回先生是公认的孔子门下排名第一的好人，可是，孔老先生还怕他做得不够好，又教给他一着，非礼不要什么，非礼不要什么。即一切日常行为，都要符合礼教的标准，礼教的要求。若有违反，那不能说是第一个好人了。

看到这儿，千万别以为中国古代的礼教那么严格，如此一来，还有人的灵性发展的空间吗？不能这么说。礼教之设，乃是本乎人性，或者说是对人性的呵护。几乎可以说，凡是古来圣贤反复倡导的礼教，没有不合乎人性的。比如"男女授受不亲"，最为人诟病了。可是你仔细想一下，授受，多指你给他个什么，他接了过来。不亲，本初只是指不要过分亲密地接触，后世的腐儒，把它理解得太绝对了，不亲变成了不许，好像男女之间，互相递送个什么，也是不允许的。这就绝对化了，不近人情了。成年男女之间不应当过分亲密接触，搁到现在，也不能说有什么不对。

“男女授受不亲”这句话，出自《孟子·离娄上》。原文说，有个叫淳于髡的人，问孟子：“男女授受不亲，礼与？”孟子说：“礼也。”又问：“嫂溺则援之以手乎？”孟子说：“嫂溺不援，是豺狼也。男女授受不亲，礼也；嫂溺援之以手，权也。”对“权”字，朱熹的解释是：“权，秤锤也，称物轻重而往来以取中也。权而得中，是乃礼也。”（《四书章句集注》）也就是，特殊情况，特殊对待，嫂嫂落了水而不伸手救，同样是不合乎礼教的。不是这样的情形，好端端的，你拉一下嫂嫂的手做什么？

说远了，还是回到本题。读书明理，知书达理，这个理，只在好坏的判断之间。

还要注意的是，这一段里，龙先生对颜回与老师孔子的对话的理解，与宋儒的诠释稍有不同。先看师生二人对话的原文：

> 颜渊问仁，子曰：克己复礼为仁。一日克己复礼，天下归仁焉。为仁由己，而由人乎哉？颜渊曰：请问其目。子曰：非礼勿视，非礼勿听，非礼勿言，非礼勿动。颜渊曰：回虽不敏，请事斯语矣。（《论语·颜渊第十二》）

朱熹的解释是：“颜渊闻夫子之言，则于天理人欲之际，已判然矣，故不复有所疑问，而直请其条目也。”（《四书章句集注》）按龙先生的说法，像颜渊这么个好人，孔老先生还怕他学不好，条分缕析地告诉他，该怎么个看，怎么个听，怎么个说话，怎么个动作。我倒觉得，龙先生的理解，更合乎人情。颜渊诚恳地请教，老师耐心地回答，这才是师生之间应有的态度。

这就要说到朱熹所说的“天理人欲之际”了。按宋儒的观念，当天理与人欲纠缠之际，一个好人，应当做的是“存天理，灭人欲”。后世对这一点，颇多指责，甚至把中国后来的积贫积弱都归罪到这上头了。这就过了。要是这么着，当初宋儒不说“存天理，灭人欲”，说成“丧天理，纵人欲”，中国后来就又富又强了？不是这么个理嘛。凡事都要全面地理解，偏狭了，哪儿都是错。宋儒说的“天理”，是他们眼里的“真理”。即以“五伦”而论，父子有亲，君臣有义，夫妇有别，长幼有序，朋友有信，又有什么不对？颠过来，父子不亲，君臣不义，夫妇无别，长幼无序，朋友无信，就好了？同样宋儒说的“人欲”是他们认为一个好人不应当有的“欲望”，即贪鄙之念，为恶之念。这话很有点像“文化大革命”中流行的“狠斗私字一闪念”。只能说太严厉了，却难说有什么不对。

宋儒所以秉持这样的理念，是他们认为人性中有恶的一面。这也是中国自古以来“人性善”还是“人性恶”的争论的延续。认为“人性善”的，除恶的办法是“防”——防止恶侵害了善良的人性。认为“人性恶”的，除恶的办法是“去”——去除那早就隐藏在人性里的恶。按我们现在的“科学”的认识，人生下来，无善无恶，像一张白纸一样，后来的恶，都是不良的生存环境沾染上去的。若是这样，那就既要“防”，又要

“去”了。否则，后果不堪设想。一张白纸，能画最新最美的图画，也能画最脏最丑的图画。你可以说宋儒只“去”不“防”未免偏颇，总不能说“去”也不对吧？

龙老先生显然是服膺朱子那一套的，因此才会在本段起始就说：“圣贤之书，只为善去恶二端，可以赅括。”应当说，龙老先生这句话，是抓住了读书人的要害。说是千古不移，也不为过。

后世只知读书可以中举人进士，而不知读书可以做好人。**尝有读书万卷，幸得科名，而其行事做人，无一可观者。此等人在家则引坏一家，在乡则引坏一乡，在朝则引坏一朝。**如王安石①、李林甫②、胡惟庸③、卢杞④、严嵩⑤之徒，能读书得科名而不能读书做好人，是诗书之孽蠹，学校之罪魁也。举人进士乎哉！

简注：

①王安石（1021—1086）：北宋抚州临川（今属江西）人。字介甫，号半山，封荆国公。官至宰相，曾主张改革变法。著有《王临川集》。

②李林甫（？—752）：唐宗室，擅音律，会机变，善钻营。居相位十九年，助成安史之乱。

③胡惟庸（？—1380）：明定远（今属安徽）人，龙凤元年投朱元璋，洪武四年任右丞相，旋改左丞相。久居相位，

好人。嘗有讀書萬卷，倖得科名，而其行事做人無一可觀者。此等人在家則引壞一家，在鄉則引壞一鄉，在朝則引壞一朝。如王安石、李林甫、胡惟庸、盧杞、嚴嵩之徒。

恩威震主，专权树党，为太祖所忌。十三年，以谋逆罪被杀，株连甚广。

④卢杞（？—784）：唐滑州灵昌（今河南滑县西南）人。字子良。建中初由御史中丞迁宰相，妨贤忌能，立威固权。陷害杨炎、颜真卿，排斥李揆、张镒。罢相后贬为新州司马，后改授澧州别驾，卒于官。

⑤严嵩（1480—1567）：明江西分宜人。弘治进士，授编修，以文辞著称。嘉靖二十一年，进英武殿大学士，二十三年任首辅。排除异己，专权误国。四十一年遭弹劾罢相，解职归田。旋因其子严世蕃罪抄家，罢官为民，遂寄居墓舍，老病而卒。

释义：

这一段议论，最是痛快。前面说到圣贤教人读书做人，毕恭毕敬，不光语气和婉，甚至能从用语中看出前倾的身躯，肃穆的面容。待说到这班读书而不能做个好人的奸佞，龙老先生的气就不打一处来。从这里，足可窥见他老先生写此书的动机。不是因为那么多的人读了圣贤书做成了好人，而是因为这么多的人读了圣贤书做成了坏人。如果读了圣贤书就做成了好人，那就没有必要写这么一本书了。只是这样一来，一个悖论就摆在了眼前：究竟是好人读了圣贤书益发的好，坏人读了圣贤书益发的坏，还是读了圣贤书既能变好也能变坏，若如此，好坏与读书又有何干系？只怕这话一说，龙老先生在地下听了，胡子都会气得翘了起来——如果他老人家有胡子的话。

不必深究，读书做好人，这道理什么时候都是对的。如果读了书没做个好人，只能说你的根器不行，所谓朽木不可雕也，怨不得刻刀，也怨不得雕工。用现代科学的观念说，就是基因不行。用老百姓的话说，就是“坏种”，根子上坏了，神仙也没辙儿。总之，读书是教人学好的，不是教人学坏的。

对那些读书不做好人，而又仕途通达，位极人臣的人，龙老先生最是愤恨，恨不得食其肉而寝其皮。听他这句话多么严厉，“此等人在家则引坏一家，在乡则引坏一乡，在朝则引坏一朝”！

本来多好的一句话，一举例子，就显出宋明理学家里，朱熹这一派的偏狭了。你看龙先生举的这几个人，王安石、李林甫、胡惟庸、卢杞、严嵩，先不说评价得当与否，罪恶大小与否，只看这个排列的顺序，就先不能让人心服。王安石宋人，李林甫唐人，胡惟庸明人，卢杞唐人，严嵩明人。显然不是按朝代排的。那就是按罪恶排的吧？通例，这种排法，只会是罪恶大的排在前面，怎么也不能说王安石比严嵩还坏吧？想来想去，只能是按宋明理学家们厌恶的程度排的。

为什么这么恨王安石呢？朱熹这一派，世称程朱学派，也即是说，其源头乃程颢、程颐兄弟俩创建的“洛学”（二人是洛阳人）。二程生活的年代差不多和王安石同时，可他们的官要小得多，按说不该对王安石有多大的成见。问题出在他们的家庭，他俩的父亲程珦与王安石同朝为官，官至太中大夫，当时就以反对王安石变法而著称。程颐后来甚至说，反对王安石变法，其父乃“独公一人”。程颢当御史时，也曾受过王安石冷遇。这样的历史渊源，由二程肇其始的程朱理学，自然就把王安石当作大奸大慝了。

现在的历史书上，对王安石的评价高得不得了。政治家、思想家、文学家、改革家，凡是他做过的事，都堪称大家。文学家、思想家且不说，单说政治家、改革家。所以膺此头衔，不外是说他的变法如何推动了社会的进步，历史的发展。这种“进步”的历史观是怎么来的，对当下又有什么好处，不去说他。只说一种为政的理念，是为民还是为国，是看眼下还是看长远。若是为民，轻徭薄赋，与民生息，民渐强而国渐富，有什么不好？若是为国，民为国基，岂不是更应当关注民生，让利于民？说王安石的新法多么的“进步”，何以人去政息，又回到先前的景象？难道那些反对新法的人，都是老牌的“历史反革命”？这种“进步”的历史观的荒谬，还在于将历史上有名的暴君，全打扮成了杰出的政治家。比如秦始皇，明明是一个残暴的君王，现在一说，就是多么的英明，多么的伟大了。翦灭六国，一统海内，是一回事，焚书坑儒，残刻暴虐，又是一回事。说他是暴君，并不遮蔽其功绩，非要因其功绩，说他功也无量，德也无量，才叫个“历史的辩证法”？

只有一点，我还是佩服龙先生的排列。龙老先生写的是《读书做人谱》，紧扣主旨，不敢偏离，对他而言，只能是从读书好而做人坏这个角度来品藻这几个历史人物。所谓爱之甚，责之切是也。这样一来，就不能不让半山老人——荆公先生王安石“拔头筹”了。而只会填填“青词”，无才无德，又纵子作恶的大奸臣严嵩先生，只有殿后的份儿了。

有中举人进士而不顾廉耻者，断未有做好人而不顾廉耻者；有中举人进士而不存天理者，断未有做好人而不存天理者；有中举人进士而欺君逆亲、伤风败俗者，断未有做好人而欺君逆亲、伤风败俗者也。此曷故？好人必依圣贤之书做人，而举人进士，不尽依圣贤之书做人耳。**普愿学者，先读书做好人，以求中举人进士；勿先求中举人进士，而后做好人，且更勿中举人进士，而犹不做好人。**

释义：

这一段里，龙老先生说漏了嘴。他的立论，本是读了圣贤书，努力照着去做，就会做成一个好人。可是，因为历史上有像王安石这样，谁也不敢说书读得不好，诗写得不好的人，書做人耳。普願學者先讀書做好人以求中舉人進士。勿先求中舉人進士而後做好人。且更勿中舉人進士而猶不做好人。

让老先生颇不过这个窍儿，脱口而出便是："好人必依圣贤之书做人。"既如此，只能说读圣贤书，让这个好人把好人做得更其精致完美，却不能说他原本是个无所谓好坏的人，只有读了圣贤书，照着做才能成为好人。而像王安石这样的人，原本就是个坏人，再读圣贤书也好不了。那么，读圣贤书的作用又在哪里？是不是道理该是这样：只有读书，才能做个自觉的好人，高层次的好人。坏人读书，有可能变好，也有可能变得更坏——通过读书，获得了权力，可以做更大的坏事。但这绝不是读书的过错。不管怎么说，读书是教人学好的，不是教人学坏的。

程子①曰："今人不会读书，如读《论语》，未读时，是此等人，读了后只是此等人，便不会读。"

未读书时，不知孝弟忠信、礼义廉耻等事，如何做法？既读了后，则讲明这个理，即要做出这个人。若读孝讲孝，而不能做孝子，读忠讲忠，而不能做忠臣，与未读者何异？

管子②，天下才也，不知圣贤大学之道，只能做霸佐，不能做王佐也，是不会读书。如诸葛孔明，便会读，做出王佐勋业，几与伊尹、周公相埒矣。

简注：

①程子（1033—1107）：名颐，字正叔，人称伊川先生。北宋洛阳人。历官汝州团练推官、西京国子监教授。元祐元年，除秘书省校书郎，授崇政殿说书。与其胞兄程颢共创“洛学”。世称程子。

②管子（？—前645）：名夷吾，又名敬仲，字仲。颍上（今安徽颍上）人。为齐国上卿（丞相），辅佑齐桓公成为春秋时期的霸主。有《管子》一书记其言行。

释义：

程颐被尊奉为“子”，可说是

未讀書時。不知孝弟忠信禮義廉恥等事。如何做法。既讀了後。則講明這箇理。卽要做出這箇人。若讀孝講孝。而不能做孝子。讀忠講忠。而不能做忠臣。與未讀者何異。

程朱理学的一面旗帜。朱熹也称朱子，是一面更大的旗帜。凡一种学说，尤其是秦汉以后，要发扬光大，不能平地起高楼，自我作古。为什么呢？其源有自，才让人信服。古人会这一套，今人更会这一套。看看报章上那些时文的开头，不难明白这个道理。

程颢程颐兄弟，学术主张差不了多少，通称“二程”，何以又把这个弟弟捧为“子”？道理不在别处，在于这个弟弟说话更狠一些，做事更“左”一些，符合做领袖人物的思想语言特征。哥哥像是口才木讷些，笔下功夫也不行，留下的著作少，可引述的东西也就少些。弟弟就不一样了，能说会道，笔头子也利，留下了许多语录和文章，便于引述，更便于发挥。狠在什么地方呢？狠在他倡导读经尊圣，不止于做个规规矩矩的好人，而是要做个“圣人”，至少要做个“贤人”，像孔门弟子那样。这一着，最对朱老夫子的脾胃，也最对龙老先生的脾胃，难怪他在这本书里要一再引述，再三发挥了。

他的话是绝了些，却不能说没有道理。就像这句：“读《论语》，未读时，是此等人，读了后只是此等人，便不会读”，多么决断又多么精辟，一下子就把读书做人的道理说透了。

需要阐释的是下面举的例子。管子即我们平日说的管仲。他在历史上的功绩，是严刑峻法，富国强兵，经过多年的努力，终于辅助齐桓公，成为春秋时期的一代霸主。说他是“霸佐”，意思是霸业的辅佐者。诸葛亮这个人，看过《三国演义》的人都知道，他是刘备的军师，蜀汉建国后，就是丞相了。为什么同样辅佐他人成就一番事业，管仲先生就是霸佐，而诸葛先生就是王佐呢？这就要说到古代对霸道与王道理解的不同了。

霸道，在这里，不是指我们平常说的蛮横不讲理，是指古代的一种治国方略，崇尚武力、刑罚，以之致国家于强盛。春秋时期的齐楚宋晋秦等国家，称霸一时，都是这个路数。这些国家当时的诸侯王，称霸主，也称伯主，读音相同。

与霸道相对的是王道。儒家认为，圣人成了君王，其统治之道，即是王道，故也可说是“圣王之道”。奉行王道者，多以仁义治天下，以德政安抚臣民。王道这个词儿，最早出自《孟子》。他老先生认为，奉行王道者的治国方略应当是：“不违农时，谷不可胜食也；数罟不入洿池，鱼鳖不可胜食也；斧斤以时入山林，材木不可胜用也。谷与鱼鳖不可胜食，材木不可胜用，是使民养生丧死无憾也。养生丧死无憾，王道之始也。”(《孟子·梁惠王上》)。

这样一说，也就明白何以管仲是霸佐，而诸葛亮是王佐了。龙先生的意思是，读书人不是不可以当官，但在辅佐君主时，一定要弄清自己奉行的是王道还是霸道，应当做的是王佐还是霸佐。

朱子曰：“今之学者，只要作贵人，不要作好人。”又曰：“古昔圣贤，所以教人为学之意，莫非使之讲明义理，以修其身，然后推以及人，非徒欲其务记览、为词章，以钓声名、取利

禄而已也。”

作制艺①者，既代圣贤立言，即当学圣贤行事，奈何能言而不能做乎？盖亦作贵人之心锢蔽之耳。

国家以制艺取士，谓其能明此理，而后能为此言，能为此言，则必能做此事。而奈何其不然也。然则学者，当草茅②坐诵，早已欺君。

简注：

①制艺：明清科举考试规定的文体，亦称制义，即八股文。

②草茅：杂草。借指民间，多与朝廷相对，又借指未出仕的人。此处指未出仕的时候。

释义：

是做贵人还是做好人，古往今来，都把这两类人对立起来。似乎好人与贵人之间势同水火，隔着不可逾越的天堑。公允地说，贵人里头有好人也有坏人，不能说凡贵人都是坏人。这是中国人的一个错误的社会理念，就像过去有个时期，认为穷人都是好人，富人都是坏人一样。不光过去有个时期是这样，现在也不能说完全不是这样。比如一说“煤老板”，就怎样怎样；一说“富二代”，就怎样怎样。说白了，还是过去那套以经济状况划定阶级成分的

朱子曰今之學者只要作貴人不要作好人又曰古昔

流毒在作祟。经济状况，只是人生的一种状态，说明不了一个人的整个人生，与道德品质、政治理念没有多少根本的关系。这套理论，有外国的影响，也有本土的根基。本土的根基，是不是从朱老先生这儿来的，未作探究，不敢遽下结语。只可说也是中国人的一种传统吧。

接下来又引用朱子话说，“古昔圣贤所以教人为学”云云，至少龙炳垣先生认为，朱子是祖述圣贤之道，起码也是与圣贤的心思相通的。

这就有可以商榷的了。我的印象里，孔孟二圣，从来没有这个意思。不说孟子，单说孔子，老先生对富贵的看法可不是这样的。《论语》中涉及“富”字的共十七处，涉及“贵”字的八处，与“富”字连用的四处，也就是说，涉及富贵二字的共二十一处。浏览这二十一处文字，不难明白孔圣人的富贵观。

最重要的一条，亦可说他对富贵的基本观念是：“富与贵，是人之所欲也。”孔子通人情处在于，他知道，富与贵是人人心里向往的。他的严正处在于“不以其道得之，不处也。”同样，对于贫与贱，也是这个态度：“贫与贱，是人之所恶也，不以其道得之，不去也。”（《论语·里仁第四》）这是说别人，至于他自己，说得更坦率：“富而可求也，虽执鞭之士，吾亦为之。”（《论语·述而第七》）意思是，如果可以致富，就是当个没有什么地位的“执鞭之士”，做市场的守门卒，我也乐意去做。靠自己的劳动致富，有什么不对？

更为可贵的是，他还能将富贵贫贱与社会状况联系起来考虑：“邦有道，贫且贱焉，耻也。邦无道，富且贵焉，耻也。”（《论语·泰伯第八》）这一点，怕是当今之士，该深长思之的。综合起来说，孔子的意思是，政治清明，自己贫贱，是耻辱；政治黑暗，自己富贵，也是耻辱。

最重要的是，他老人家对贫者与富者，还有心理上的告诫，那就是：“贫而无谄，富而无骄。”（《论语·学而第一》）说到底，人格是最重要的。

近世以来，对孔子思想的解读，最可笑的，莫过于说孔子主张“均贫富”了。我没有研究过孙文学说，不知他那一套“平均地权”的理念是不是从孔子这儿来的，若是，只好说他孙先生少年时读经书，还是没有读好，少说也是读得不细。

能引述出“均贫富”意思的这段话，在《论语·季氏第十六》的第一节里。

这一节，可说是个小故事。说的是，孔子的学生冉有和季路在鲁国的国卿季氏那儿当官，当季氏要讨伐附庸的颛臾国时，冉有和季路来请教孔子。老先生说了一通不可讨伐的道理，言辞间有责怪两个学生未尽到规劝之力的意思，冉有急了，说“颛臾是该讨伐的，它的城池坚固，又离季氏的采邑——费地不远，现在不把它灭了，将来季氏子孙的麻烦可就大了”。孔子没想到冉有会这样糊涂，就教诲了一番。原文是：

孔子曰："求！君子疾夫舍曰欲之而必为之辞。丘也闻有国有家者，不患寡而患不均，不患贫而患不安。盖均无贫，和无寡，安无倾，夫如是，故远人不服，则修文德以来之。既来之，则安之。今由与求也，相夫子，远人不服，而不能来也；邦分崩离析，而不能守也；而谋动干戈于邦内。吾恐季孙之忧，不在颛臾，而在萧墙之内也。"

是长了点，还是全抄下好。求，是冉有的另一个名字。整段话，都是开导冉有这个榆木圪塔脑袋的。虽说生了气道理仍说得很婉转，很恳切。还要做个辨析，从清人俞樾到今人杨伯峻，在阐释"不患寡而患不均，不患贫而患不安"时，都说前面的寡字应为贫字，后面的贫字应为寡字。这样全句就成了"不患贫而患不均，不患寡而患不安"。贫而患不均，要改变，怎么办，正好下面孔子又说了"均无贫"，意思是"均之使无贫"，从哪里均呢，当然是从富那里均了。看，孔老先生不是在提倡"均贫富"吗？

我不这么认为。俞杨二先生这是私改经文以贴合己意。如果说，因为后面有"均无贫，和无寡"，所以要将前面的寡与贫掉过来，那"安无倾"又如何解释？孔老先生的话并不错。少了该担忧的是不均，贫了该担忧的不是不均，而是不安于贫穷。这才是孔老先生的本意，也才符合他一贯提倡的"各尽其职，各尽其分"的民生主义。接下来的几句话，也是根据这个意思来的。现在我们用白话，将上引的一段改写一下，意思就更明白了：求啊！君子最讨厌那种想做什么又不愿意明说，却要花言巧语辩解一番的做法。我听说诸侯大夫不怕财富少，就怕分配不均匀，不怕国家穷，就怕老百姓不安分。于是均之使没有很穷的，大家和睦相处，没有人会嫌少，国家安宁，不再担心败亡。这样了，没想到边远地方的人，还是不臣服他，（可见这种办法不灵，怎么办呢，）那就只有实施礼乐政教招徕他们了。真的是这样做了，一招徕，就让他们安安分分。现在由和求你俩呀，辅佐季先生，颛臾这样的远人不服，你们却没有办法招徕他们臣服；国家眼看就要分崩离析，不能守卫，反而谋划着在自己国家的范围内动用武力。我恐怕季孙该担忧的，不在颛臾这样的属国，而在宫廷里边！

看孔老先生的原话，看看我的改写，孔老先生哪里有一点“均贫富”的意思，相反，他的意思是，玩这套小把戏做什么，只要实施礼乐德政，百姓安居乐业，四夷诚心宾服，什么都有了。也即是说，他是看不起“均无贫”这一套的。不光孔子看不起，孟子也看不起。梁惠王跟他说，“河内凶，则移其民于河东，移其粟于河内，河东凶亦然”，也是“均无贫”那一套，孟子嘲笑他这种做法，跟那些残暴的君王相比，不过是“以五十步笑百步”罢了。

不管孔子是不是肇始者，总是老在这么说着，宋儒的这种做法，真是害人不浅，害世更甚。读书岂可不细哉！

陆清献公曰：“读书、做人不是两件事，将所读之书，字字体贴到自己身上来，便是做人之法，如此，方算得读书人。

若不从身上体会，则读书自读书，做人自做人，只算不会读书人。”

圣贤之学，知行并重，致知是读书，力行是做人。是以会读书者，读一句，思想一句，体贴一句，私自勉曰：“古人既如此为善，我必欲如此去恶。”一有不是，便自责曰：“圣贤岂叫我存这些恶心，做这些恶事？况我读圣贤书，所学何事，乃敢私行不义，岂不是圣贤的罪人？”想到此，自不敢去做恶，而一心一身，殊觉正大光明，有潇洒出尘之概矣。

释义：

这是《总论》的最后两段文字，其义甚明，就是读书要落实到做人上。用陆清献公陇其先生的话说，就是“将所读之书，字字体贴到自己身上来”。怎么“体贴到自己身上来”？要着只有四个字，便是“为善去恶”。真正

陸清獻公曰。讀書做人。不是兩件事。將所讀之書。字字體貼到自己身上來。便是做人之法。如此方算得讀書人。若不從身上體會。則讀書自讀書。做人自做人。只算不會讀書人。

做到了会怎样呢？是不是痛苦不堪，或整日价郁郁寡欢？绝不是！美得很呢。

怎么个美法呢？听着："一心一身，殊觉正大光明，有潇洒出尘之概矣。"几乎可以说，善于读书，为善去恶，不光神清气爽，连身体也会健朗起来。话说到这个份上，不糊涂的人，怎么会不读书，读了书怎么会不做个好人？

"读圣贤书，所学何事？"这句话是过去的读书人常念叨的，自勉也勉人。出处在哪儿，不知道，用得最好的，该是文天祥先生了。兵败被俘，解往大都（元朝的首都），关在土牢里，怎么劝说都不投降。没办法，只好杀掉。死后在他的衣带上发现了写的几句话，也叫"衣带赞"。其辞曰："孔曰成仁，孟曰取义。惟其义尽，所以仁至。读圣贤书，所学何事？而今而后，庶几无愧。"

或许正是有文天祥这个光辉榜样，"读圣贤书，所学何事"这句话传得更广了。现在的读书人，实在也应当把这句话当作口头禅，勤念叨着。不说"一日三省"了，至少也应当隔上两天，静下心来之际，默念上一两遍。念的时候，能全念了更好，不能全念，该把最后两句也带上。着重领会的是那个"愧"字。也即是说，这些日子做人做事，可有心里愧疚的？勤这么问问，总会少做些"愧心"的事，而不做愧心事，心情好了，精神好了，身体也会好些。如此说来，读书不光是做人之法，也是健身之法呢。

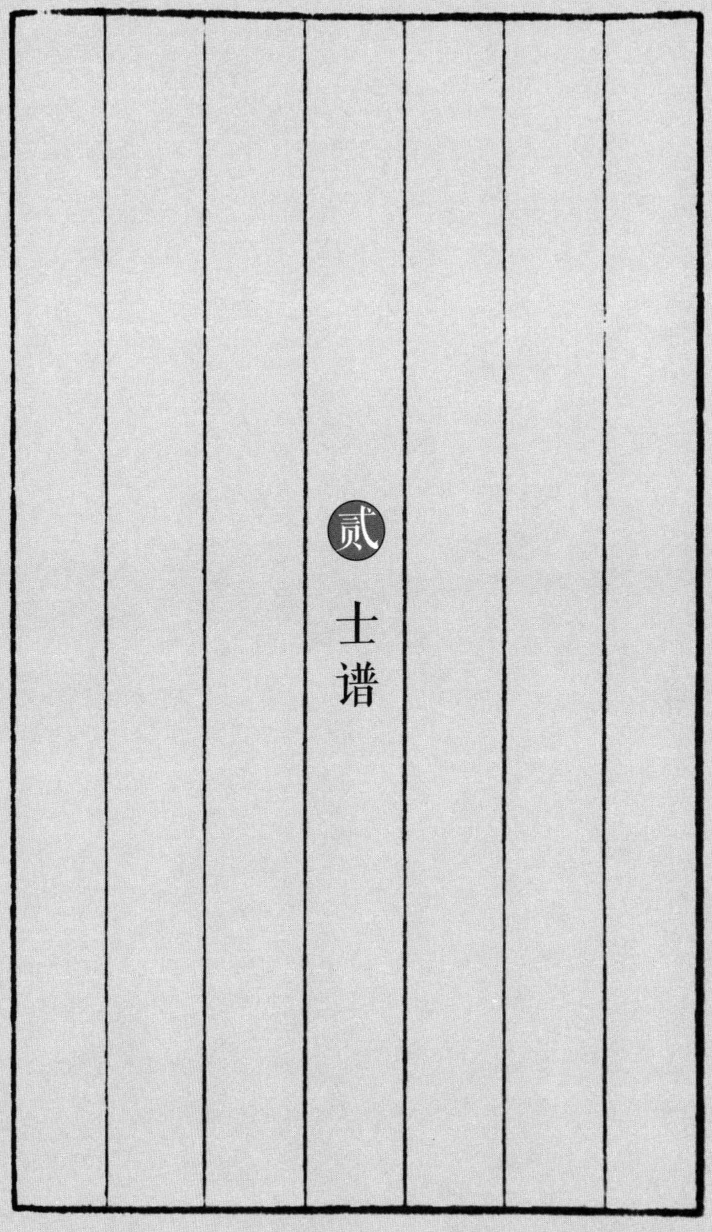

贰 士谱

古今会读书做人者不少，兹略举数十条，分类观之。而冠以做士谱者，诚以士为四民[1]之首，一言一动，关乎人心风俗；一出一处，关乎天下国家。故圣贤之书，谆谆为儒士说法，而于民不多责焉。为士者苟知此意，则士习端，民风正，于朝廷养士取士之意，庶不负耳。

立　品

嘉靖时，陆树声[2]会试第一，本宜入翰苑，会严嵩当国，贿赂公行，官无大小，皆有定价，而馆职尤重。嵩以树声名高望重，第令人索松江绫子二百匹，**树声曰：“本不敢希翰苑，又实无一绫，惟公所置。”**遂不往谒。座师[3]张治[4]，忧其罹祸，为解于嵩。嵩不得已，授馆职而意终不释然。张更忧之，必欲树声谒谢，乃私以锦币四双，白金四十两，使人持候嵩门。树声至嵩门，使者以金币刺[5]授之。树声大骇，怀刺而入，一揖即出，终不见刺。严嵩出送，见门左持金币者，问曰：“此谁所具？”树声曰：“不知。”竟飘然去。嵩

高望重。第令人索松江綾子二百匹。樹聲曰。本不敢希
翰苑。又實無一綾。惟公所置。遂不往謁。座師張治。憂其

大恨，然终不能屈也。未几，树声即告病归。当时风节高天下，朝廷亦闻其名，数起之。然屡起屡告。登第四十年，立朝不满数载，万历时复召为礼部尚书，旋称病致仕[6]。

孔子曰："富与贵，是人之所欲也，不以其道得之，不处也。"孟子曰："吾未闻枉己而正人者也，况辱己以正天下者乎？"又曰："孔子进以礼，退以义。得之不得，曰有命。"陆公其读此书做此人者乎！赵文华[7]、鄢懋卿[8]之徒，当愧死矣。

简注：

①四民：古代指士、农、工、商。士排第一，故曰"士为四民之首"。

②陆树声（1509—1605）：松江华亭（今上海市区）人，字与吉。嘉靖二十年会试第一，中进士，选为庶吉士，授编修。曾任南京国子监祭酒。后任礼部尚书，清廉正直，有政声。

③座师：科举时代，主考官称总裁，中试的进士尊之为座师。

④张治：明代湖南茶陵人。正德中会试第一，官南京吏部侍郎，后入为文渊阁大学士，进太子太保，喜奖掖门下进士。

⑤刺：名帖，名片。

⑥致仕：古代官吏告老辞官称致仕，意谓将职分送还朝廷。

⑦赵文华：嘉靖八年进士，冒功请赏，陷害忠良。依附严嵩，称严为父。

⑧鄢懋卿：嘉靖二十年进士。依附严嵩，以左副都御史

之身份出京总理两浙两淮长芦河东四盐运司盐政。滥征苛敛，奢华淫靡。

释义：

《总论》说完了，该着分类叙说了，一如总店开张了，该着设立分店了。且看“分店”都售些什么货色。第一分店名为《士谱》，道理至明——“士为四民之首”。四民者士农工商，士排在第一位，下来才是农工商。这样理解，不能说不对，只是太皮相了。

据明末清初大学者顾炎武先生说，士农工商这个排列，最早见于《管子》，具体的说辞是：“士农工商四民者，国之石，民也。”为何将士列为四民之首呢？道理也是“至明”的，因为士是读书人，对其他三民有教化、引导的责任。用正文中龙先生的话说就是：“一言一动，关乎人心风俗；一出一处，关乎天下国家。”士，不光是教化者、引导者，还是示范者。因此之故，“圣贤著书，谆谆为儒士说法，而于民不多责焉”。这后一句非常重要。

过去我们一说起封建时代，总是说孔圣人那一套怎样的歧视劳动人民，比如说什么“劳心者治人，劳力者治于人”，“唯上智与下愚不移”，往往忽略了他宽厚的一面，就是“于民不多责焉”的一面。他认为，老百姓没有知识，需要为政者去教化，去引导，倘若“犯上作乱”，那是你为政不仁，责任在你，而不在老百姓。就是“刑不上大夫，礼不下庶人”这样的话，也要辩证地看，表面上是对庶人歧视，内里则是，“礼”是一种极为严格的要求，而“刑”不过是一种表皮的惩罚。

好了，还是说这个《士谱》吧。下面又分几项。

第一项为“立品”。这也是儒家的一个基本观念。“品德”是最重要的，有了好的品德，才会有好的言行，也才会为民众作出表率，为社会作出贡献。请注意，这以后的写法，与前面的不同了，《总论》中的论述方法，常是圣贤怎么说，我们该怎么做。此后论述则是，举一两个古人的例子，再说圣贤的什么书上是怎么说的，末后还要感叹一句：这个人真是会读书啊！这个办法的好处是，让人读起来一点也不枯燥，渐入佳境而又憬然而悟。

“立品”的第一个事例是陆树声。

《士谱》小序中说，“略举数十条，分类观之”，第一类定为“立品”，理由前面说了，费踌躇的是，何以先就选了陆树声这么个人。陆先生的品行，是没得说的，论功业却难说有多大。掂量再掂量之后，不能不想到这一事例中的那个“对立面”人物——严嵩。须知，这个大奸臣亦非寻常之人，十八岁中举人，二十五岁中进士，先举庶吉士，后授编修，是个真正的由正途出身的读书人。还写得一手好字，爱吃酱豆腐的人该知道，“六必居”三字乃严氏手书。以陆树声对严嵩，这一正一反两个人，一个是读书人的楷模，一个是读书人的败类。龙先生的用意，该在这里吧。

再看陆树声这个故事。说是小说，怕都编不下这么好。

会试第一，殿试想来也差不了。既说“宜入翰苑”，想来该在二甲前若干名，到不了三甲。盖殿试规矩，一甲仅三名，分别为状元、榜眼、探花，二甲第一名为传胪，都有专门的名号。二甲人数从十几名到几十名不等，能进入翰林院的只有前面的若干名。也有三甲选入的，只能说侥幸又侥幸了。初入翰林院，只能当个“庶吉士”，相当于见习生，若授“编修”，那就是“馆职”即实职了。以质论价，想当编修，当然要“尤重”——多拿银子出来。开价是二百匹松江绫子。偏偏陆树声是个不晓事的主儿，一匹绫子也不愿意拿出来。这可急坏了他的座师张治先生。好不容易将你从众多的士子中选拔出来，眼看就可以进翰林院且可实授馆职，岂可为区区二百匹绫子断送了大好前程？遂亲自到严府说情，碍于这位座师的面子，严嵩还是办了，心里总是不太愉快。这一来，张治更发愁了。于是便想着怎样挽回这个局面。授了馆职，总该趋府拜谢。定好日子，张治准备了一份贵重的礼品，还特意为陆树声准备了进谒用的名帖，派人拿上等在严府门外。树声来了，来人送上礼品和名帖，树声竟大骇，只拿了名帖进去。进去见了面，作了个揖就出来，连名帖也没有递上去。

严嵩当然知道来者何人，礼贤下士嘛，也就送了出来。门口，张治派来的人，仍端着礼品站在那儿。严嵩自然明白是送他的，随意问了句这是谁送来的。这时只要树声先生说句“晚生所具”或“下官所具”，这场院戏就演足了。哪里能想到，这位树声先生竟说“不知”，怎能不让严嵩先生恨得牙

笑曰請面議之翌早來謁叱之曰朝廷三年大比公卿由此而出汝輩不潛心力學乃欲以賄進乎其人慚退

根痒痒呢？

这一件事最后的结果，亦颇耐人寻味。有了前面的事，你以为陆树声是呆子吗？他可一点也不呆。只是打定主意，不同严嵩这般奸佞之臣同朝而立。没过多久，便告病归乡，此后也是“屡起屡告”。合则留，不合则去，宁遁迹山林，也不合污同流，这才是最能彰显读书人品德的地方。

龙炳垣先生在引述了孔孟几句话之后，为了做个对比，还特意加上一句，“赵文华、鄢懋卿之徒，当愧死矣”。这两个人，也都是进士出身，官也不能算小，却只知趋炎附势，只想飞黄腾达，巴结严嵩而不知廉耻。

“富与贵，是人之所欲也，不以其道得之，不处也。”孔老先生这句话，实在应当成为读书人进退出处的圭臬。

严宗为上高主簿，漕使[1]以阅文官缺员，留宗校文，寓萧寺。有富家子，因寺僧致恳，许以五十万钱，求其首选。宗笑曰：“请面议之。”翌早来谒，叱之曰：**“朝廷三年大比[2]，公卿由此而出。汝辈不潜心力学，乃欲以贿进乎？”**其人惭退而止。

《礼》曰："临财毋苟得[③]。"桓公四命曰："取士必得[④]。"《书》曰："任官惟贤才[⑤]。"严公其读此书做此人者乎？观其不徇私、不受赂，又不肯竟绝其人，而责之以大义，教之以力学，可谓人己两全矣。

功名者，上天赏善罚恶之端，朝廷登明选公之具也，岂可以私意弃取于其间乎？尝见大小试官，受赂行私，庸愚败子，钻营冒进，颠倒功名，困厄豪杰，不转瞬间，而书香绝、子孙亡者多矣。噫，除中间之渔利，所得不过二三百金，绝后来之书香，所害直贻数十余世。岂不痛哉！

简注：

①漕使：明初曾设漕运使，不久废。后设漕运总督，驻节淮安，常主持南方乡试。

②大比：乡试亦称大比。

③临财句：见《礼记·曲礼上》，全句为："临财勿苟得，临难勿苟免。"

④桓公四命句：见《孟子·告子下》。大意谓，齐桓公在蔡丘之会上，与诸侯约定五条规则（命）。其第四条为"士无世官，官事无摄，取士必得，无专杀大夫"。

⑤任官句：见《尚书·咸有一德》。为汤武时代名相伊尹所言。

释义：

严宗这个人，官儿不大，以现在的官阶比附，不过是个县政府的秘书科长，但他的社会责任感可不能算小。看看他做了件什么事儿。

某年乡试，阅文官缺员，漕使就把他调来充任。住在一座萧条的寺院里，怕不完全是俭朴，更多的是回避、保密。天下没有不透风的墙，想行贿的人总能打听得到。这不，某官员的儿子就打听到了，且通过寺僧传话说，若能首选，送五十万钱。乡试的首选是什么，是解元。在科举时代，这可是个大名头。送这么多钱是值得的。下来的事就看出严宗这个人的不同寻常了。送钱办事，这叫行贿，按说不收也就行了，俗所谓拒贿是也。

但严宗不这么看，他觉得在乡试这件事上行贿，实在是太可恶，一定要开导开导这个年轻的读书人，如果此人还算读书人的话。于是他让寺僧传话，明天早上来谈谈。此人以为事情有门，兴冲冲地来了，不料严宗当面斥责说：朝廷每三年举行一次乡试，公卿大员都是从这个台阶上上去的，你怎么能不潜心读书，致力学业，而想用贿买的方法上这个台阶呢！这个年轻人，毕竟还是个知羞耻的读书人，听了这话，惭愧地退下去了。

严宗的这种做法，不是拒贿，而是斥贿，更其难得。斥贿的目的，还是爱护年轻人，希望他能通过自己的真才实学获取功名，不要凭恃有钱，走上邪路。

关于此事，龙先生的评点，是重了，但其用心是好的。真要一作弊，就“书香绝，子孙亡”，那倒好了，真就没人敢做这样的事了。可惜不是。多少营私舞弊的人,也还过得好好的。但是，作为一种警戒，就得这样说。事实上，也确有这样的事，至于轮到谁的头上，那就看你的运气了。只有这种不确定性，才是最可畏惧的。可惜多少人，心存侥幸，以身试法，只有到了天谴下来，“书香绝，子孙亡”，才后悔不迭。而当初也不过像龙先生所说,“除中间之渔利,所得不过二三百金”,想想真不值得。后来者，能不慎乎！

还要明白的是，开科取士，历朝历代，都是国家的大事。就是当代，除了十年动乱期间，曾废除高考（曾有过招收工农兵学员的事，可不计），国家对高考的重视，也是一样的。然而,当今不时传出一些高考作弊案件,说起来实在令人痛心。可以说,社会风气之坏,莫此为甚。比如,有人冒名顶替了他人,多年后方被发觉,顶替者固然受到了应有的惩罚,而被顶替者,这一生也就完了。至少没有及时地受到良好的教育，对家庭,对这一生,该是多大的损失,多大痛苦。主持考试与招生的人,若能有严宗先生这样的责任心，也就不会有那么多的作弊案件发生了。

萧引[①]为建康令时，宦官李善度、蔡脱儿多所请托，萧公不许。或谏曰：“李蔡之权，大僚皆惮之，公亦宜少为身计。”萧公曰：“吾之立身，自有本来，安能为李蔡贬节。就令不悦，

孟子曰柳下惠不以三公易其介蕭辛二公會讀此書從此做人其守正不阿之概眞足俯視一切至於蕭公立身自有本來之語尤足令人尋繹不盡也

不过免职耳。”

魏文帝时，刘放、孙资见信于上，大臣莫不交好，而辛毗[②]不与交。子敞曰：“刘孙用事，大人宜小降意。”毗正色曰：“不与孙刘结契，不过令吾不作三公耳，大丈夫欲为公而毁其高节耶！”

孟子曰：“柳下惠不以三公易其介。”**萧辛二公，会读此书，从此做人，其守正不阿之概，真足俯视一切。至于萧公“立身自有本来”之语，尤足令人寻绎不尽也。**

简注：

①萧引：生卒年不详，约当南朝梁陈之际，字叔休，东海郡兰陵县（今山东苍山县兰陵镇）人。善隶书。陈宣帝太建年间曾任吏部侍郎。陈后主即位，以疾去官，明年，复起用。为贞威将军、建康令。

②辛毗：字佐治，颍川阳翟（今属河南）人。生卒年不详，约当汉末曹魏之际。魏文帝时赐爵关内侯，后

赐广平亭侯。明帝时进封颍乡侯，又任卫尉。死后赠谥号肃侯。

释义：

这两个故事，其义甚明，即下文所说，“不以三公易其介”。介者，耿直，狷介也。也就是萧引回答劝谏者说的“吾之立身，自有本来”的“本来”。这个“本来”，一言以蔽之，即“守诚持正”，是做官的准则，也是做人的墨绳。辛毗的话，更有气魄，改为白话就是：“大丈夫怎么能为了公这么个官位，而毁掉了他高尚的名节呢！”于是可知，古代的读书人，多么看重名节。这两个人，史书都有传，萧引传见《陈书》，辛毗传见《三国志》。

既然史书有传，不妨看看这两个人两件事的详情与后果。

萧引的传，附在他哥哥萧允的传里。事情比这里说的要复杂些。多所请托的，不光有宦官李善度、蔡脱儿之辈，还有一位叫吴璡的。此人的职务是“殿内队主”，用现在的话说，就是皇宫侍卫长，这官儿不能说多大，权势可绝不能说小。劝谏萧引的，也有名有姓，是他同族的子侄辈，黄门郎萧密，也是皇上跟前的人物，知道这班人心毒手狠，不可得罪。萧引一个都不买账，后来怎样呢？还是中了这班小人的奸计。史书上说，“吴璡竟作飞书，李蔡证之，坐免官，卒于家，时年五十八”。史家还有好恶的，这儿用了“飞书”一词，让人大开眼界。何为“飞书”，说白了就是匿名信，如飞箭射来，难知出处。

辛毗的结果比萧引好些，但也好不到哪儿去，紧防慢防，还是受了小人的暗算。辛毗是个谋士一类的人物，曹魏时期，辅佐过太祖曹操、文帝曹丕、明帝曹睿，都有上佳的表现，三位对他也都不错，尤其是文帝曹丕，对他更是言听计从。明帝对他，起初还好，封颍乡侯，邑三百户，够尊崇的了。后来变了。这儿的这个故事，就发生在明帝时期。书中记述有删节。

其子辛敞劝告父亲的原话是："今刘孙用事，众皆影附，大人宜少降意，和光同尘。不然必有谤言。"辛毗回答的原话是："主上虽未称聪明，不为暗劣，吾之立身，自有本末。就与刘孙不平，不过令吾不作三公而已，何危害之有？焉有大丈夫欲为公，而毁其高节耶！"然而，最终还是这个"不为暗劣"的魏明帝，听信了刘放、孙资的谗言，在他本来要升迁为尚书仆射时，将他外放为"卫尉"了。中间虽有起用之事，用罢"复还为卫尉"，直到去世之后，才谥曰肃侯。于此可知，硬话可以说，重要的是行为一定要跟上，只有见诸于行为，这大话便掷地作金石之响，否则，只能说是大言炎炎，或大言欺世了。这，或许才是读书人最应当谨记恭行的。

世上还有一种人，不说硬话，但也不做软事。山西老作家林鹏先生的《东园公记》里面有一篇《记袁毓明》。袁先生是当代人，20世纪50年代曾任《大公报》总编辑，后来被划为"右派分子"，下放山西，后来摘了帽子，安排在省文联任职，与林鹏先生成了好朋友，时有交往。林先生文中说："后人对他的评价是，一辈子没有说过一句硬话，没有干过一件软事。"

一个有品德有气节的人，不管说没说过硬话，重要的是不能做软事，有愧良知的事。

陈选①督学河南，清介绝俗，会阉寺汪直②巡郡国，都御史以下咸俯伏拜谒。陈公独长揖。直怒曰:“尔何官，敢如此？”选曰:“提学。”直愈怒，曰:“提学讵尊于都御史耶？”选曰:“提学固非都御史比，但宗主斯文，为世师表，不可屈节。”直见公辞气抗厉，而诸生群集署外，不可犯，遂改容曰:“先生无公务相干，自后不必来。”选徐步而出。

《礼》曰:“师严然后道尊，道尊然后民知敬学。”陈公会读此书，从此做人，可以楷模天下矣。

国家以儒士为重，儒士以品行为先。品行者，士习之见端，而风俗人心之大本也。世有学者，只徒读书作贵人，而品行全

國家以儒士爲重。儒士以品行爲先。品行者士習之見端。而風俗人心之大本也。世有學者。只徒讀書作貴人。而品行全不講究。一切破律敗度。卑汚苟賤之事。皆忍爲之。原其所由。皆是無恥。無恥。則無忌。無忌

不讲究，一切破律败度、卑污苟贱之事，皆忍为之，原其所由，皆是无耻。无耻则无志，无志则无主，无主则为其所不为，欲其所不欲矣。然则立品之功，先从廉耻下手可也。程汉舒③云："人于坏念将起时，只觉得可耻，便有转机。"又曰："人看得自己贵重，方能有耻。"王朗川④曰："凡儿童少时，须是蒙养有方，衣冠齐整，言动端庄，识得廉耻二字，自有正大光明气象。"信斯言也，立品之功，断以廉耻为首务。

简注：

① 陈选（1429—1486）：浙江临海人，字士贤，号克庵。英宗天顺四年会试第一，成进士，授御史，巡按河西。成化六年，任河南副使，后改督学政，能克己，有政声。母丧离任时，行李肃然，车一辆而已。任广东布政使时，每次外出，唯骑一驴，清约如同寒士。著有《宋史道学传》《丹崖集》。

② 汪直：明成化年间宦官。入宫后为宪宗宠妃万贵妃身边的内侍。后来因缘攀附，深得宪宗宠信而领西厂，兼职为司礼监掌印太监。权势远在锦衣卫和东厂之上。后失宠，贬逐而亡。

③程汉舒：清代学者，著有《笔记》二卷。

④王朗川：王之鈇，号朗川，清人，编著《言行汇纂》，乃通俗劝善之书。

释义：

明代宦官的猖獗，历史上是有名的。像汪直这样权倾一时的宦官头目,竟可以“巡郡国”——代表皇帝到地方检查工作。这在国家的法典上，是不允许的。明代朝廷的腐败，于此可知。

河南是明代的行省，省会开封又是周王的封地，王府官属齐备，这才会有“都御史以下咸俯伏拜谒”的场面。只有陈选先生，不买这个账。你看他多么自尊自重，见了汪直只是作了个长揖。汪直的恼怒可想而知，当即喝问：“你是个什么官，敢这样放肆！”陈选说：“提学。”前面说“督学”，为何这里又说“提学”呢？督学是职责，提学是官名，全称应是“提督学政”。论级别，相当于现在的教育厅长吧。这么小的官，竟敢不跪拜，难怪汪直要说:“你比都御史还要尊贵吗？”陈选的回答是：“提学固然非都御史可比，但这个职务宗主斯文，为世师表，是不能屈了气节的。”汪直听了，本想再发火，见此人义正辞严，官署外又聚集了许多学生，就收敛了，说：“先生没有相关的公务，往后就不必来了。”

陈选先生这件事，既见出读书人的品格，也见出由品格而产生的威严，连口含天宪，生杀予夺的汪直也让他三分，真是给读书人争足了面子。

下面的评述中，最该记取的，是这句话：“立品之功，先从廉耻下手可也。”即人要立其品格，必须先知道廉耻。在这上头，要从少年做起，从小事做起。这就是王朗川先生说的：“凡儿童少时，须是蒙养有方，衣冠齐整，言动端庄，识得廉耻二字，自有正大光明气象。”

这里有一点，若不指出，多半会忽略。如何教育儿童，从来就是为人父母者的大事。这里谈到的“蒙养有方”，只能说是简略的概括，下面若要具体，可说的方面多多，而朗川先生独独拈出“衣冠齐整，言动端庄”八字，不能说没他的深意。事实上，一个孩子从小如何培育，这八个字是极为重要的。若再分个轻重，我倒觉得，前四个字即“衣冠齐整”，更重要些。“言动端庄”，说起来好听，对孩子来说，并不怎么合适，爱说话，爱淘气，也没什么不好。而一个孩子，从小就养成“衣冠齐整”的好习惯，必将受益无穷。你见过几个从小邋里邋遢的孩子，长大是有大出息的？若有，也只能说是特例而不能说是通则。

需留意的是，文中说“陈公会读此书，从此做人”，不是说陈公“从这儿开始做人”，而是说“依从这些话做人”。后面还有这种用法，就不啰嗦了。

改　过

徐华亭[①]督学浙江，一生员文中有“颜苦孔之卓”句。华亭批其语曰：“杜撰。”置之四等，发落。其生员面自陈曰：“颜苦孔之卓，出自扬子《太元经》[②]，非生员杜撰也。”华亭即立起曰：**“本道侥幸太早，实未曾读古书，系本道之过。”当即改为前列，附一等末。浙士皆叹服，声名大显焉。**

曰。本道僥倖太早。實未曾讀古書。係本道之過。當即改

爲前列。附一等末。浙士皆歎服。聲名大顯焉。

孔子曰："过则勿惮改。"孟子曰："子路人告之以有过则喜。"徐公会读此书，从此做人，勇于改过，岂易得哉！

简注：

①徐华亭（1503—1583）：名阶，字子升，明代松江华亭（今属上海）人，世称徐华亭。历江西按察副使、礼部尚书兼文渊阁大学士。为官谨慎，善于迎合帝意，故能久安于位。最终取代奸相严嵩成为首辅。

②扬子《太元经》：扬子，扬雄，西汉学者。《太元经》，原名《太玄经》，《四库全书》为避康熙皇帝玄烨之名讳，改为《太元经》。

释义：

前一节讲"立品"，这一节讲"改过"。能改过，可说是品格的一个重要体现。徐阶后来官至首辅、文渊格阁大学士，相当于宰相。这件事，是他年轻时做的，当时不到三十岁。以他的功名与地位，面对这样一个当面指陈他错误的生员，给了一般人，要么曲予回护，要么置之不理，而徐阶能坦然承认自己的过失，且当即改正。答辞中，用了"本

道”自称,乃是因为,明代的提学,全名是“提学道”。用了“侥幸”二字,乃谦词,也可说是一种独特的指代,意即获得功名。徐阶的这个侥幸,可谓货真价实,年方二十,就考取了一甲第三名(探花)。少年得志而不以才学自负,能如此礼贤下士,勇于改过,难怪龙先生要将他置于“改过”的篇首了。

这个徐阶,年龄较大的读者,该能想起。当年有个京剧叫《海瑞罢官》,历史学家吴晗所写,“文化大革命”就是从批判这出戏闹起来的。戏里写的是海瑞跟罢相回乡的徐阶的斗争。不管老来怎样,徐阶这个人,年轻时还是有品格有胸怀的。

赵清献公[①]宴客,见一营妓有殊色,席散,命一老卒唤之。忽自悔曰:“赵抃不得无理。”急呼老卒,卒从门后转出。公曰:“汝未去耶?”卒曰:“吾事相公久,度相公之必悔也。是以不去。”公喜甚。

葛守礼[②]为陕西布政,当大计日,有小吏,填老疾当罢。册籍已送吏部,公面请吏部留之。吏部曰:“计簿出于藩伯,何欲自改易也。”公曰:“此边吏也,去省甚远,徒据府县文书登簿,今见其人年尚壮,过在本司轻信府县,不加觉察,何可使小吏受枉。”**尚书惊服曰:“谁肯于吏部堂上自认过误耶,即此可谓贤能第一矣。”后官至刑部尚书**。明世大计,先送册于吏部。至期,藩司仍亲往吏部面议。

《传》曰:“人谁无过,过而能改,善莫大焉。”赵葛二公,会读此书,做出此人,一则转念自悔,一则认过自呈,真美德也。

简注：

①赵清献公（1008—1084）：名抃，字阅道，北宋衢州西安（今浙江衢县）人。景祐进士。曾任殿中侍御史，弹劾不避权势，时称“铁面御史”。累官至参知政事，以太子少保致仕，死后谥清献公。

②葛守礼(1502—1578)：明代山东德平（今临邑德平镇）人。嘉靖进士，授彰德推官，历任兵部主事，陕西布政使，礼部郎中，户部尚书。明代布政使相当于省长，故称藩台、方仁、藩伯。

释义：

赵抃这件事很有意思，发展下去就是一宗嫖娼案。

营妓即官妓。既言“席散”，当是陪酒。见一个营妓很漂亮，动了心，想留下过夜，

在那个年代该是平常事。赵抃先生的可爱之处在于，说了之后又后悔了，且马上改正。前面引用程汉舒的一句话是：“人于坏念将起时，只觉得可耻，便有转机。”赵抃先生还往前走了一步，坏念不光起了，还让老卒唤之。旋又自悔，且责备自己：“赵抃

察何可使小吏受枉。尚書驚服曰。誰肯於吏部堂上自認過誤耶。即此可謂賢能第一矣。後官至刑部尚書。明世

不得无理。”

更有意思的是这位老卒，深知主人的德性，连大门也没出，只是藏在后门看动静，赵抃品质高尚，这位老卒的品质也不能说差。

葛守礼先生这件事，最能见出为官的品质。大计，相当于现在的公务员考核。明代三年一次。先由各省报到吏部，经吏部审核后，再由藩司亲往吏部面议。有个边远地方的小吏，大概是得罪了地方长官，给他填了个“老疾当罢”，即年纪大了又有病，应当罢免。葛先生事后发现，不是这么回事。按说，一方是边远地方的小吏，一方是堂堂的地方大员，稍微皱一下眉头也就过去了。对某些心肝硬的大员来说，只怕连皱一下眉头，都觉得是多余。可是葛先生不这样，在与吏部面议时郑重提出，自己当初弄错了，要改正过来。以至吏部尚书惊叹说：“哪个官肯在吏部大堂上自认过错啊！”越是大官，越应知错就改。你顾了自己的面子，说不定就毁了别人的前程，能不慎重吗?

王文成公[①]初第，上《安边八策》，世称为讦谟。晚自省曰:“语中多抗厉气，此气未除，而欲任天下事，其何能济也? ”

子曰：“忠焉，能勿诲乎? ”曾子曰：“出辞气，斯远鄙倍矣。”**王公会读此书，从此做人，直欲如古**

過之功益加密矣。

子曰忠焉能勿誨乎曾子曰出辭氣斯遠鄙倍矣王

大臣之从容坐论，赞化调元也。为人臣者，不当如是耶？于以见省察改过之功，益加密矣。

高采菽云：“对人主语言及章疏文字，须要温柔敦厚，如子瞻诗，多于讥玩，殊无恻怛爱君之诚。荆公在朝论事，多不循理，惟是争气而已，岂可以事君？君子之所养，要令邪僻暴慢之气，不设于身体。”此与王文成公意，如出一辙，是为读书明理之言。

简注：

①王文成公（1472—1529）：明代浙江余姚人。名守仁，字伯安，号阳明子，世称阳明先生，又称王阳明。明代著名的思想家、哲学家、文学家和军事家。弘治十二年进士及第，官至南京兵部尚书、都察院左都御史。谥文成。

释义：

王阳明先生是明代的理学大家，做人上这样富于反省精神，是很不容易的。《安边八策》，想来是为国防大计向皇上的建言。已得到世人的称赞，誉之为“訏谟”——宏谋良策，按说该沾沾自喜了。然而，阳明先生并未以此为满足，晚上躺下，深刻反省，觉得意见虽好，而用语多“抗厉气”，说明自己的人生修炼还不到家。抗厉气是什么呢，揣摩文义，当是峻急之气，凌厉之气。这个典故，用意甚明，就是说，有了好的品质，还不行，还得有好的修养，好的语言表达方式，才是一个真正的品质高尚的人。怎样的语言表达方式才是好的呢，下面高采菽的一段话把这个道理说透了。那就是“温柔敦厚”四个字。

这里对苏轼和王安石多有指责。说苏轼的诗，“多于讥玩，殊无恻怛爱君之诚”，想来是指苏轼那些讽世之作吧。至于说王安石“在朝论事，多不循理，惟是争气而已”，怕也是过甚之辞。不过，王安石有“拗相公”的诨名，想来在朝堂上跟同僚甚至皇上争论，也会有股子拗劲。这么一说，也不能说这位高采菽先生就说错了。不管举例得当与否，说话和气，温柔敦厚，总是品质好、修养好的体现，做人还是该检点的。

如果说前面一节的例子，是真正有了错，不怕当即改正，那么这一节，就更进一步了。即使别人没有发现的错，自己省察到了，也要改正，这才是一个真正品格高尚的读书人。

责　己

范忠宣公[①]戒子弟曰：**“人虽至愚，责人则明；虽有聪明，恕己则昏。但当以责人之心责己，恕己之心恕人，不患不到圣贤地位。”**

孔子曰：“躬自厚，而薄责于人，则远怨矣。”孟子曰：“强恕而行，求仁莫近焉。”忠宣公会读此书，自己做，并教子弟皆如此做，此实做人之第一义也。学者识之。

简注：

① 范忠宣公（1027—1101）：名纯仁，字尧夫。宋代吴县（今江苏苏州）人，范仲淹次子。皇祐元年进士。元祐元年任同知枢密院事，后拜相，有“布衣宰相”之誉。谥忠宣。著有《范忠宣公集》。

释义：

范纯仁先生既是范仲淹次子，可谓名门之后了，他对子弟的教诲，是值得后人效法的。“人虽至愚，责人则明；虽有聪明，恕己则昏”，这两句话说得太好了。反过来说，责人则明，那就是愚蠢，能不恕己的，就是聪明了。可惜世人，多见不及此，常是明于责人，而昧于责己。现在的人，多是一肚子怨气，觉得这个也不对，那个也不行，人际关系弄得很僵，委实该想想，是不是自己做人上有欠缺的地方？

范忠宣公戒子弟曰。人雖至愚。責人則明。雖有聰明。恕己則昏。但當以責人之心責己。恕己之心恕人。不患不到聖賢地位。

人人都严于责己，宽恕他人，结果会是什么呢，可以想见，就像一首歌里唱的那样：人人都献出一点爱，世界将变成美好的人间。

道理是这么个道理，却不能说就是这么个道理。如果真是这么个道理，古往今来，那些受尽折磨的忠臣义士，就全都是自己的不对了。不过,从保护自己免受不必要的伤害上说，我还是赞同范纯仁先生的做法的。道理就是下面孔老先生说的："躬自厚，而薄责于人，则远怨矣。"至少应当心里清楚，有些人和事不管是"薄责"，还是"厚责"，都不会改变，更别说变好了。在上头，孟子说的"强恕而行"，说不定真还是离"仁"最近的道路。这里的仁，可以理解为人格修持的圆满，也可以理解为事业奋斗的成功。总之，在人生奋斗的路上，尤其是还不是怎么强大的时候,最好少些羁绊。因为你不知道，这羁绊，是不是真的能挣脱，能跨得过去。而小人在制造羁绊上的能量，一般来说，比君子在化解羁绊上的能量，要大得多。

有人或许会说，朗朗乾坤，难道怕他不成?

我的看法正好相反，正因为是朗朗乾坤，还是不要与小人纠缠为好。

凡小人，就没有想过要做大事的，要是能做成大事，也就不会是小人了。不说大事了，就是好事，怕也没有想过要做。按说人的一生，哪有什么大事小事之分，做一个好人是第一等的大事。只是小人不会这么想，他总要做事，好事做不成，只有做坏事了。问题在于,小人可以以做件坏事为一生的满足,而你能说,你一生就以跟小人斗了一场为满足吗?

在这上头,我觉得,左宗棠先生的一副对联,对我们是个有益的启发。这副对联是:“穷困潦倒之时,不被人欺;飞黄腾达之日,不被人嫉。”想想,这两条,都是对付小人的。左先生是立下大功业的人,他的最大的功业,该是六十四岁上,被任命为钦差大臣,督办新疆军务,一举荡平当时新疆各地的叛乱,将这一大片国土再一次收入中国的版图。想想吧,多危险,如果他在此前的任何一次政争中,败于小人之手,还会有这样赫赫的历史功绩吗?而没有这一手,在中国历史上,会只留下了“中兴名臣”这一个头衔。难堪的是,这个头衔,在当代的历史教科书,还有另一个称呼,那就是镇压太平天国农民起义的刽子手。这个刽子手就不必打引号了。

王阳明先生见一士,尝动气责人,先生儆之曰:**“学须反己,勿徒责人。能反己,方见己有许多未尽处,何暇责人?且人正不可责也,舜能化象[①],其机括只是不见象的不是,故后来象亦能改也。若只要正他奸恶,则文过掩慝,乃恶人常态,反去激动恶性,如何感化得?”**

孟子曰:“行有不得者,皆反求诸己。”先生会读此书,并悟到舜之化象,原是此理,不止兄弟间如是也。士果能如此做人,乌有责人之心乎?然则韩魏公[②]尝云:“生平未尝见一不好人者。”必是此等学问,岂仅待人忠厚已哉。”

简注：

①象：传说是舜的同父异母弟。

②韩魏公（1008—1075）：名琦，字稚圭，相州安阳（今属河南）人。历任陕西四路经略安抚招讨使等职，拜同中书门下平章事。与范仲淹共同防御西夏，名重一时，时称“韩范”。封魏国公，谥忠献。

释义：

前面范纯仁先生说了：“当以责人之心责己，恕己之心恕人。”究竟该怎样责己怎样恕人，王阳明先生的这番话，将此中的道理说透了。那就是，要看到对方好的一面，不要揪住一点，斤斤计较。他说“舜能化象”的故事，好多人都知道，不妨再说一下。

这个故事，《史记》里有记载。从故事内容看，颇有诡异之处。

故事的大致情形是这样的。还是引用《史记》原文吧。“舜父瞽叟顽，母嚚，弟象傲，皆欲杀舜。舜顺适不失子道，兄弟孝慈。欲杀，不可得；即求，尝在侧。”尧选舜做了接班人，且将二女许配给舜做妻子，“赐舜絺衣与琴，为筑仓廪，予牛羊。瞽叟尚复欲杀之，

是。故後來象亦能改也。若只要正他姦惡，則文過掩慝。

乃惡人常態，反去激動惡性。如何感化得。

王陽明先生見一士嘗動氣責人先生儆之曰學須反

使舜上涂廪，瞽叟从下纵火焚廪。舜乃以两笠自扞而下，去，得不死。后瞽叟又使舜穿井，舜穿井为匿空旁出。舜既入深，瞽叟与象共下土实井，舜从匿空出，去。瞽叟、象喜，以舜为已死。象曰：本谋者象。象与其父母分，于是曰：舜妻尧二女与琴，象取之。牛羊仓廪予父母。象乃止舜宫居，鼓其琴。舜往见之。象鄂不怿，曰：我思舜正郁陶。舜曰：然，尔其庶矣。舜复事瞽叟爱弟弥谨。”

这个故事，后来还流传下来一个成语，叫“象喜亦喜，象忧亦忧”。

诡异之处在什么地方呢？

象和他的父母，都想杀舜，就是在舜做了尧的接班人之后，仍想方设法要杀了他。而每次，舜都能顺利地逃走。兄弟俩的关系，原本并不坏，“兄弟孝慈”，不会是单方面的。先是“欲杀，不可得；即求，尝在侧”。后来修缮房顶时，瞽叟在下面纵火，舜乃“以两笠自扞而下”逃走。打井时，要将舜闷死在井下，而舜在打井时，先就在旁边挖了个窟窿，这才能在上面夯实后逃出。以为舜死了，象竟说，这是他的主意。到了要分舜的家产时，象却不要什么值钱的东西，只要舜的两个妻子和琴。舜回来了，象一点也不害怕，反而有点不高兴地说：我正在为你死了而郁闷呢。舜的回答更怪，说：是啊，你真是我的庶弟。

由此是不是可以得出一个结论，象在无法阻止父母对兄长的迫害时，采取了一种暗地里保护的方针？而这一切，又不能明说，明说了就是不孝，只能从脸色上给舜传递各色各样的信息。象是喜悦的神态，舜就知道没事，象是忧虑的神态，舜就知道有事了，要早点防备。

即如要两个嫂嫂和琴，对嫂嫂是保护，对琴，则是留下兄长的心爱之物，毕竟这张琴是尧给哥哥的。舜回来，象不害怕，是知道哥哥肯定会回来。所以说那句话，有点跟哥哥开玩笑的意思，我的悼念还没有完，你怎么这么快就回来了。

如果真是这样，王阳明先生真是自作多情了。象原本就不坏，只是在无奈之下，做出一种坏的样子。当然，我们也可以说，象起初是坏的，只是因为舜的感化，良心发现，才做出后来的种种善举。若是这样，王先生的话又是对的了。而此前的感化功夫，端在“不见象的不是”。

责己恕人，能做到舜这个地步的，古往今来，怕也不多。

这里有一点，是要细细体味的。就是，这样做，不光是显示自己品质好的一面，也有防止小人报复的一面。凡小人，多半心胸狭隘，报复心特强，你若只是“正他奸恶”，指摘他的毛病，那么，必然会更加“激动恶行”。没有感化了他，反而招来更大的祸患。这深一层的意思，以范纯仁先生的忠厚，自然不会明说，但语气里，这个意思是有的。

至于韩琦先生的这种看法，即“生平未尝见一不好人者”，我们只能视作忠厚之人的忠厚之言，怕不敢全信。当然，在未受小人之害前，可以这样认为，若屡屡遭受小人的暗害，还这样看，那只能说此人真是个圣贤了。

克　己

谢上蔡[1]与伊川别一年，往见之，伊川[2]曰："相别又一年，做得甚工夫？"上蔡曰："只求去个'矜'字。"伊川曰："何以只用此功？"上蔡曰："细检点来，病痛尽在这里。若去得此病，他善方有进机。"伊川大喜，因语在坐曰："谢子为学，可称切实用功矣。"

简注：

①谢上蔡：谢良佐，北宋官员、学者。字显道，蔡州上蔡（河南上蔡）人，人称上蔡先生或谢上蔡。从程颢、程颐学，与游酢、吕大临、杨时号称程门四大弟子。

②伊川：即程颐。北宋洛阳伊川人，人称伊川先生。

释义：

克己，也是做人的一个重要功夫。不说别人了，就说我吧，好多事都坏在不能克己上。怎样才能做到克己呢，谢上蔡先生的话值得细细体味。他是伊川先生的学生，一年不见，老师问他做得甚功夫，他说："只求去个'矜'字。"什么是矜，薛文清公曰。二十年治一怒字。尚未消磨得盡。以是知克己之難。

就是矜持，说是傲气有点过了，说是清高还有点不足，更像我们平常说的端架子，把自己看得太高。真正有本事、有品德的人，总是谦和有礼的，只有那些内心有自卑感，单怕别人小看自己的人，才会端着架子，做出一副眼睛长在额头上的怪样子。

我上小学的时候，记得校部门前的小黑板上，写着这样一句格言："有真才实学的人，如同累累果实挂满枝条，果枝便垂下头来。"这句话记了大半辈子，可惜并没有做到。去掉矜字，还你本来的面貌，才能做一个有学问有品德的人，这也就难怪伊川先生听了之后，对在座的弟子们说："谢子为学，可称切实用功矣。"

薛文清公[1]曰："二十年治一怒字，尚未消磨得尽，以是知克己之难。"

蔡虚斋[2]曰："元城[3]于'不妄语'三字，行之七年，方能实践。"

颜渊问仁，子曰："克己复礼，为仁。一日克己复礼，天下归仁焉。"为仁由己而由人乎哉？上蔡诸公，会读此书，依此做人，即谢子所谓克己须从性偏难克处，克将去也。

简注：

①薛文清公（1389—1464）：名瑄，字德温。明代山西河津人。明英宗永乐年间进士。宣宗时任御史，因秉公获罪下狱。代宗时任大理寺丞。英宗复辟任礼部右侍郎兼翰林院学士，后任南京大理寺卿，卒谥文清。学宗程朱，世称其学为河东学派。

②蔡虚斋（1453—1508）：名清，字介夫，别号虚斋。明代晋江（今福建晋江）人，官至南京文选郎中、江西提学副使。明代著名理学家，著有《四书蒙引》《虚斋文集》等。

③元城（1048—1125）：即刘安世，字器之，宋代元城人，世称元城先生。平生治学，主一诚字，所创学派为元城学派。元城，古县名，与大名同城而治，民国时并入大名县，今属河北。

释义：

克己的功夫，说来容易，做起来实难。正直的人，差不多都有个毛病，就是爱发火，易动怒。满眼都是不平事，或看起来像是不平事，怎么能不发火、不动怒呢？但是，动怒绝不是解决问题的好办法，有时候不惟办不成事，还会坏事。据说林则徐先生就是个爱动怒的人，为了克制自己，在书房里悬一书有“制怒”二字的条幅，时时提醒自己。看来薛瑄先生也是个爱动怒的人，他用二十年的时间，治自己爱动怒的毛病，结果呢，“尚未消磨得尽”。

动怒，还有一种情形是迁怒。就是，不是针对眼前的人，却将怒气发在了他的身上。我当教员时，有时在外面受了气，正好有个学生来问个问题，平时肯定和气地解答，这次学生稍有一点差错，立马就发了大火，弄得学生莫名其妙，很是委屈。我也知道，是迁怒于无辜，是一种要不得的毛病，可总也改不了。现代文化人里，傅斯年先生也有这个毛病。他的秘书那廉君在一篇文章里回忆说：傅先生有时对一个人刚刚发完火，第二个人不知这个前因，跟着来找他，结果碰了一鼻子灰，以后第三第四个人相继而来，相继被斥而退。在这种情形下，傅先生常常对他说："叫我不二过可以，叫我不迁怒，我实在做不到！"

元城刘世杰先生，治学之道，专主一诚字，想来他的为人之道,也是专主一诚字。怎么做到诚呢？只有三个字,就是"不妄语"。用现在的话说,就是不说假话。巴金先生晚年提倡"说真话"，也是这个意思。元城先生为了"不妄语"，修炼了七年才做到。大学者尚且如此，我们普通人要做到"不妄语"，怕要一辈子都得警戒自己了。

时时提醒自己不动怒，不妄语，这就是克己的功夫。

"克己复礼为仁"，这句话好理解，下面的一句就不好理解了。怎么"一日克己复礼,天下归仁焉"？读了上面两人的事例，我一下子明白了。原来孔老先生的意思不是说,等到所有的人，都克己复礼了，天下才会归仁，而是说，你一旦克己复礼了，看到的就是一个充满仁爱的天下，澄明的人间。我不知道这样理解对不对，至少这样理解，有助于我们内心的平和，品质的精进。

执谦

王文正公①中状元时，寄书于父曰：“曾忝居第一，先世积德所致，非曾之才也。大人不须过喜。”及第后还家，太守令父老妓乐郊迎之。公易服乘小驴由他城门入，即往谒守。守惊曰：“已遣人郊迎，何便抵此？”公曰：**“不才幸叨科第，岂敢上烦迎迓，是重其过也。故从便道入谒耳。”**守叹曰：“先生谦退如此，非人所能及也。”

富郑公②为相，虽微官布衣谒见，皆与之抗礼，坐语从容，送于门，视其上马，乃还，不拘常习恶套。

曹武惠王③位兼将相，不以极贵自满，遇大夫士于途，必引车避之，虽下士不呼其名。平定江南归里，全不以为功。遇亲故问，则曰：“奉勅往江南勾当而归也。”其谦抑如此。

《易》谦卦六爻、书“不矜不伐”四句，谁不读过，然求其有如诸公之会读会做，果

謁守。守驚曰。已遣人郊迎。何便抵此。公曰。不才幸叨科第。豈敢上煩迎迓。是重其過也。故從便道入謁耳。守歎

然谦谦君子者，盖亦寡矣。

简注：

①王文正公（977—1038）：名曾，字孝先，宋代青州益都（今属山东）人。少年孤苦，善为文辞。真宗咸平五年壬寅科状元。曾任同中书门下平章事、集贤殿大学士，封沂国公。谥文正。著有《王文正公笔录》。

②富郑公（1004—1083）：姓富名弼，字彦国，宋代洛阳人。天圣八年举茂才异等。至和二年，与文彦博同时被任为宰相。嘉祐六年，因母丧罢相。英宗即位，召为枢密使，因足疾辞职，进封郑国公。著有《富郑公集》。

③曹武惠王（931—999）：名彬，字国华，北宋初年大将，真定灵寿（今属河北）人。曾受命率军灭南唐。死后追封济阳郡王，谥武惠，世称武惠王。

释义：

这里说的三个人三件事，都体现"㧑谦"的品质。㧑谦，发挥谦德也，也就是具备谦虚的美德。他们的过人之处在于，是真谦虚而不是假谦虚，大事小事都谦虚，且持之以恒，而不是一时的兴致、偶尔的表现。

我们平常人，在小事上谦虚一下还能做到，一到大事上，就难了。状元及第，该是多大的喜事，而王曾先生在家书上却说："曾忝居第一，先世积德所致，非曾之才也。大人不须过喜。”率军平定江南，这是多大的功业，而曹彬先生却说：“奉敕往江南勾当而归也。”换了现在的话，等于说：“我不过是奉了皇上的旨令，到江南办了件事回来了。”这里不妨引申开来。办了大事，说句轻巧的话，不完全是谦虚，还是另一种派儿。只有真正的高人，才能达到这样的境界。

还要说说龙炳垣先生的点评。

“《易》谦卦六爻、《书》‘不矜不伐’四句”，太简略了，不易看个明白。“《易》谦卦六爻”和“《书》‘不矜不伐’四句”，说的是两本书上的文句。前句说的是《易经》上的谦卦，后句说的是《尚书》上的四句话。

先说前者。易指《易经》，谦指谦卦，为《易经》的第十五卦。卦辞是：“谦，亨，君子有终。”彖曰：“天道下济而光明，地道卑而上行，天道亏盈而益谦，地道变盈而流谦，鬼神害盈而福谦，人道恶盈而好谦，谦尊而光，卑而不可逾，君子之终也。”据张颔先生说，《易经》六十四卦里，就这一个卦是六爻全吉，没一个是坏的。他一生最信奉的，就是这个谦卦，作为做人行事的准则。

再说后者。不矜不伐四句，语出《尚书·大禹谟》。原文为：“汝惟不矜，天下莫与汝争能，汝惟不伐，天下莫与汝争功。”这里，矜，可理解为自高自大，伐，可理解为自吹自擂。四句连起来，意思就成了：你只要不自高自大，天下就没有人跟你争究能力的大小；你只要不自吹自擂，天下就没有人跟你争究功业的大小。须记取的是，龙先生末尾的感叹：“果吾始不知公學如此，妄受公拜，今公之學問，可爲吾師。當轉拜。茂叔走避。乃止。然君貺終以師禮事茂叔也。

然谦谦君子者，盖亦寡矣。”意即，真能做到这一点的谦谦君子还是太少了。是不容易做到，但并不是说就不能做到，只要弘扬谦恭的精神品德，自勉自励，持之以恒，还是不难达到的。

李谧[1]师孔璠[2]，数年后，璠知谧学胜己，转就谧请业，执弟子礼，不以为愧。识者大赞之。

周茂叔[3]之父与王君贶[4]相契，茂叔以贶为父之执友，一见便下拜。未几，茂叔与其徒讲《易》，贶在房中闻之，乃曰：**“吾始不知公学如此，妄受公拜。今公之学问，可为吾师，当转拜。”茂叔走避，乃止。然君贶终以师礼事茂叔也。**

孔子曰：“不耻下问。”孟子曰：“挟贵而问，挟贤而问，挟长而问，皆所不答也。”又曰：“大舜舍己从人，乐取于人以为善。”二公会读此书，做出虚怀请益之人，忘年折节如此，可慕哉！

简注：

①李谧：字永和，北魏赵郡（今属河

北）人，相州刺史李安世之子，少好学，博通诸经，周览百氏。征拜著作佐郎，辞以授弟郁，诏许之，再举秀才，不就。

②孔璠：字文老，至圣文宣王四十九代孙。齐阜昌三年袭封衍圣公，主管祀事。天会十五年，齐国废。熙宗即位，兴制度礼乐，立孔子庙于上京。天眷三年，诏求孔子后，加璠承奉郎，袭封衍圣公，奉祀事。皇统三年，璠卒。子拯袭封，加文林郎。

③周茂叔（1017—1073）：名敦颐，字茂叔，宋代营道楼田堡（今湖南省道县）人，北宋著名哲学家，是学术界公认的理学派开山鼻祖。曾在庐山莲花峰下筑室而居，取营道故居濂溪以名之，世称濂溪先生。有《周子全书》行世。

④王君贶（1012—1085）：名拱辰，字君贶，北宋开封咸平（今河南省通许县）人。宋仁宗天圣八年十七岁举进士第一，通判怀州，入集贤院，历监铁判官，修起居注。庆历元年为翰林学士，累官武汝军节度使。北宋诗人。

释义：

李谧和周茂叔两人的故事，现在看起来都是很遥远的事了。但是这个道理却不能说多么的深奥。能者为师，我们平日在不经意间，也会这么说，真要做起来，还得掂量掂量。这一掂量，怕就不免犹豫不决。你是比我强，可我当初是你的老师，客气一下，夸赞一下，都没说的，让我转过来拜你为师，情何以堪！但是，北魏时期的孔璠先生做到了，北宋时代的王君贶先生做到了。孔璠先生还做得相当自然，心安理得，不以为愧。王君贶先生虽没有拜成，“终以师礼事茂叔”，也令人钦敬。

还要说说龙炳垣先生的点评。这老先生引用古人的话，常有省略。比如引《孟子》里的这句话，就不完全。实际上，《孟子》里，这是个有趣的故事。孟子此语前，有公都子的问话：“滕更之在门也，若在所礼，而不答，何也？”接下来孟子说：“挟贵而问，挟贤而问，挟长而问，挟有勋劳而问，挟故而问，皆所不答也。滕更有二焉。”龙先生的引文中，少了“挟有勋劳而问，挟故而问”两个短句，引用孟子的这句话，似与“㧑谦”无关，实则大有关系。

这五个“挟……而问”，各有讲究。分别是依仗着地位尊贵，依仗有贤名，依仗年纪大，依仗有功勋，依仗是老交情。这些优势，肯定是有的，你有这个，他有这个，如果依仗了其中的一个，那就不能说是虚心求教了。滕更是滕国国君的弟弟。他来向孟子求教，像是还懂礼的，可是孟子不回答他的问题，这是为什么呢？孟子说，上面说是五种情况，滕更这个人占了两种。别的不说，至少挟贵而问是显示出来了。

显然这里要说的，是“㧑谦”的另一面，就是求教必须虚心，不能依仗自己有什么优势，求教时漫不经心，甚至傲慢无礼。也即是说，有学问的人施教时要有㧑谦的态度，求教者也要㧑谦的态度。若求教者不是这样，连孟老先生这样有大德的人，也懒得回答了。

去　骄

齐中书郎王融[①]，自恃有才，年未三十，即望为公辅。尝叹曰："安能作此寂寂，使邓禹[②]笑人！"又曰："车前无八驺，何得称丈夫。"后被诛时，年仅二十七也。

石勒[③]欲灭王浚[④]，谋于张宾，宾曰："君公地广兵强，浚必畏君，畏君则守备必密，不若卑词逊语，奉表以骄其志。志骄则守备渐弛，庶可图也。"石勒如其言，竟灭王浚。

孔子曰："如有周公之才之美，使骄且吝，其余不足观也已。"王融王浚不会读此书，所以做骄傲的人，至于丧身灭国也。士其戒之。

简注：

① 王融（467—493）：字元长，南朝齐人，琅玡临沂（今山东临沂）人。少年聪慧，博学多识，举为秀才。与萧子良友善，为"竟陵八友"之一。曾任太子舍人、秘书丞、宁朔将军。

孔子曰。如有周公之才之美使驕且吝。其餘不足觀也已。王融王浚不會讀此書。所以做驕傲的人。至於喪身滅國也。士其戒之。

因拥立萧子良争帝位，失败后下狱赐死。

②邓禹（2—58）：字仲华，南阳新野（今河南新野）人，东汉开国名将，云台二十八将之首。

③石勒（274—333）:字世龙,上党武乡（今山西榆社）人，羯族。十六国时期后赵建立者。

④王浚：字彭祖，西晋将领。后来在北方和胡人作战，拒听忠告，自己引狼上门，把假意卑躬屈膝，大摇大摆找上门石勒请到军中，立即被石勒逮捕并斩首于襄国，后人称糊涂虫王浚。

释义：

王融先生这个人，说有才还真是有才。小小年纪就被举为秀才。这个秀才可不是明清时代科举的秀才，而是一种高等人才科目，汉代初立时，与孝廉并举，唐初曾与明经、进士并设，旋停废。南北朝时期最重此科，有的出自举荐，有的出自策问。可以说，是当时最高的学术职称。王融的这个秀才，即是出于“举”，就是举荐了。有才归有才，也真傲得可以。才二十大几，就公开放言，说自己三十岁以前可成为宰相一流的人物。书中引用他的话：“安能作此寂寂，使邓禹笑人！”意思是，我这样有才华的人，怎么能这样默默无闻，让邓禹笑话呢。邓禹是东汉的开国名将，也可以说是一位少年英雄，刘秀即位，封为大司徒，其时不过二十四岁。王融先生在二十四岁上，不能跟邓禹比了，就放宽年限，比三十岁以前。立下这心志，就要去实现，只可惜和萧子良搅和在一起，公开帮助萧子良争帝位，失败下狱赐死，公辅之梦也就彻底破灭了。

文人不是不可以从政，只是不该把要做的文章等同于要面对的世事。文章做得成做不成，成了是好是坏，都不会丢了性命，放此狂言，又行此险事，丢了性命，实在不值得。

石勒灭王浚的故事，不必详说了，只能说王浚这个人太愚蠢了。骄傲与愚蠢，原是一对亲兄弟，都属于智商上的问题。还是孔子说得好：一个人即使有周公那样的才能，那样的美貌，倘若他既骄傲又吝啬，别的就不要看了。能怎样呢？必然一无所成。

养　气

夏原吉[①]器量宏厚，人莫能及，或问之曰："量可学乎？"公曰："吾少时遇犯者，未尝不怒，惟忍而又忍，久则气和，自无相校意。则是量可学也。"

《书》曰："必有忍，其乃有济，有容，德乃大。"夏公少时会读此书，便做一个天宽地阔的人，那得不令人钦仰？

简注：

① 夏原吉，明初重臣，字维喆，湖广湘阴（今属湖南）人。早年丧父，遂力学养母。以乡荐入太学，任中书制诰，为太

祖器重。成祖即位，任户部尚书，仁宗即位，进为少保。病逝后赠太师，谥忠靖。

释义：

夏原吉先生的气量可说是够宏厚的了，但这宏厚，亦非与生俱来，乃是修炼所至。别人问他，气量这玩意，是学下的吗？他说，小时候遇到冒犯他的人，未尝不动怒，忍而又忍，时间长了，心气也就平和了，再没有要计较的意思了。这么说来，气量还是能学下的。

这里的“相校”，说“计较”可以，说“对抗”更好些。

龙炳垣先生的举例评点，多是从细微处着眼，从实用处入手。不能说不对，总是窄了些。实则“养气”，是中国人做人行事的大关节。《孟子》里有学生问孟老先生，最擅长的是什么，老先生说：“我善养吾浩然之气。”也就是说，孟老先生一生走南闯北，教训这个诸侯，斥责那个名人，凭的不是什么伶牙俐齿，能说会道，而是一身的浩然正气。从这上头说，龙先生实在是把养气的功夫看得太小，太实用了。有了浩然之气，不是遇见冒犯者忍而又忍，久则气和，而是就没人敢来冒犯。正大平和的浩然之气，不是什么克敌制胜的利器，乃是宵小之徒不敢向迩的气场。后面的几个事例，都应该从这个高度去看。

刘宽[1]有伟度，虽在仓卒，未尝疾言遽色。夫人欲试宽令恚。伺当朝冠服已毕，使侍婢奉肉羹翻污朝衣，婢遽收之，宽神色不异，徐言曰："羹烂汝手乎？"**全无怒意。其家人与吏有罪，但用蒲鞭鞭之，示辱而已，其性量宽宏如此。**

陈白沙[2]访庄定山[3]，定山买舟送之，中有一士，肆谈无忌，讥笑儒者。定山怒不能忍，白沙则当谈时，若不闻其声。及既去，若未见其人，定山大服，其学养之深如此。

曾子曰："颜渊曰'犯而不校'。"[4]孟子曰："君子以仁存心，以礼存心。仁者爱人，有礼者敬人。"刘宽、白沙会读此书，照此做人，学养纯粹，度量宽宏，过人远矣。

之寬神色不異徐言曰羹爛汝手乎全無怒意其家人
與吏有罪但用蒲鞭鞭之示辱而已其性量寬宏如此

简注：

①刘宽：字文饶，东汉华阴（今属陕西）人。桓帝时，任司徒长史。灵帝时，征拜太中大夫，传讲华光殿。累迁至太尉，封逯乡侯。中平二年卒，谥昭烈侯。

②陈白沙：名献章，字公甫，号实斋，因曾在白沙村居住，故后人尊为白沙先生。明代著名思想家、教育家、书法家、诗人。其学说则称为“白沙学说”或“江门学派”。

③庄定山：名昶，字孔旸，晚年卜居定山二十余年，因称庄定山。应天府江浦（今属江苏）人，明代官吏、学者。进士出身，曾任翰林检讨，后谪桂阳州判官。沦落三十年，以讲学为务。官至南京吏部郎中。刻意为诗，喜用道学语言，有《庄定山集》。

④犯而不校句：见《论语·泰伯第八》。《论语》中这句话的原文是：“曾子曰：以能问于不能，以多问于寡；有若无，实若虚；犯而不校——昔者吾友尝从事于斯矣。”没有“颜渊曰”，当是衍文。

释义：

气这个东西，在中国文化里，是很玄妙的，无形无味，却能处处感觉得到。就个人而言，大到节操，小到日常行事，无不相关。这里说的“养气”，更注重的是个人修养，也可说是为人行事的风度。最能见出一个人的修养风度的，不是平日的夸夸其谈，也不是大场面上的装模作样，而是平常的接人待物，言语行事。刘宽先生这个人，修养好，平日绝不发火，连他的夫人都有些奇怪，于是想了这么个法子试一试。想不到的是，刘先生根本不管朝服弄脏了没有，而是关心烫伤了婢女的手没有。这修养，真可说是到家了。

跟刘宽先生相比，我更喜欢陈白沙先生。因为刘先生的事，是在家里，或他早已窥知夫人的用意，或许这个平日伺候他用饭的婢女年纪小而又清新可爱，都会让他有所收敛而显出温和的神色。白沙先生就不同了。与朋友一道乘船归来，舟中士人绝不会是有意试试白沙先生的品行才肆谈无忌，讥笑儒者。这位朋友已面露怒色，忍无可忍，差点就要发作，而白沙先生说话的时候，竟像没听见一样坦然。最为奇妙的是，那个士人下船去了，白沙先生竟像眼前从没有这个人一样。给了我们平常人，不会动怒是怕惹事，可说是强忍住心头的厌恶与愤懑，待到此人离去，要么会评说两句，至少也会长长地叹息一声。而白沙先生竟能做到不闻其声，未见其人！

这个功夫，我们不可以达到，但可以试试。在公共场合，常见一些人高谈阔论，甚至故意大声喧哗。这个时候，若你也在场，会是怎样的一个气量？上前阻止吗？不值得，说不定还会惹出麻烦事儿。瞪上两眼吧，也犯不着。而且这样的人，既然已不知社会公德到这个地步，怕也不是一天两天修下的，靠你我的一句话，两瞪眼，断断不会改了。

最可笑也最可怕的是，这样的人还有个毛病，越是你说他瞪他，他越来劲儿。最好的办法，就是像白沙先生一样，干脆来个不理睬，视若无物。没人“欣赏”了，没人怨恨了，他也就没劲了。反过来，我们自己，也要从这件事上得个教训，若你有这个毛病，在公共场合高声言笑，也要想到，旁边说不定会有白沙先生这样的人，人家不是不能说你，不能瞪你，只是修养好，视你为无物罢了。千万千万，什么时候，也不要让人视之为无物——不是好坏的问题，而是有没有你这个人，把你当不当人的问题。

寇莱公①为枢密院，王旦②在中书，偶中书令倒用印，寇公即行惩责。后枢密吏亦倒用印，中书吏人亦欲王公惩责，以报前怨。公问吏曰："汝等且道他当初责尔等是否？"众吏曰："不是。"公曰："既不是，岂可学他不是。"

陈镒③、王文④同为御史，每入院，陈或后至，王辄命鸣鼓，集诸道御史升揖。诸道与堂吏俱不服。一日，陈公先至，堂吏请击鼓。公曰："少待，岂可学他。"王至，惭愧曰："吾自知气质浮躁，不及陈公远矣。"

孔子曰："择其善者而从之，其不善者而改之。"传曰："尤而效之，罪又甚焉。"王旦、陈镒会读此书，做出一个不报怨、不效尤之人，故能令人自悔也。此容人之德之所以大也。

所以大也。

简注：

①寇莱公：名准，字平仲，华州下邽（今陕西渭南）人。宋太宗太平兴国年间进士，累迁至参知政事。后降职，天禧元年，再起为相。封莱国公。

②王旦：字子明，大名莘县（今属山东）人。宋

孔子曰。擇其善者而從之。其不善者而改之。傳曰。尤

太宗太平兴国五年进士，以著作郎预编《文苑英华》。真宗咸平时，累迁同知枢密院事、参知政事，景德三年拜相，监修《两朝国史》。

③陈镒：字有戒，号柏轩，吴县（今江苏苏州）人，永乐十年进士，历官御史、右副都御史、左都御史。景泰三年与王文并掌都察院。谥僖敏。

④王文：字千之，号简斋。明永乐十九年进士，授监察御史。景帝时任吏部尚书兼翰林学士，又升任少保兼东阁大学士。后遭权贵诬陷，与于谦一起斩于市。成化年间平反，赠太保，谥毅愍。

释义：

好的修养，不光是一种品质，更是一种智慧。多年前，我跟朋友聊天，曾谈及这个话题。朋友不以为然，说修养好品质高的人，往往愚直。我说，从小到大，都知道学好，为什么有的人学好了，有的人却变坏了，这里有环境的关系，可环境对大家都差不多（如社会环境），为什么仍有贤与不肖的差别呢？可见这里头有智力的作用。学好的，是大聪明，变坏的是小聪明。我不敢说自己说得全对，但总觉得好的修养中，必然蕴含着智慧的成分。这里的两个故事，尤其是前一个，确实让我们看到了修养中的智慧。

倒用印，就是给公文盖印时，将印文颠倒了。该

朝上的朝了下，该朝下的朝了上。是错误，却难说是有意为之。寇准较了真，给以惩责，难说不对，总是过了。宋代的中书令，为中书省的长官，其职权与枢密院不相上下。用倒了印，枢密院的长官可以惩责中书省的吏人，王旦无话可说。轮到枢密院的吏人也用倒了印，按说此时，王旦惩责枢密院的吏人也没什么不对。寇莱公明知是报复，也只能吃这个哑巴亏。这里就见出王旦先生的智慧了。先轻轻地发一问："汝等且道他当初责尔等是否？"回答只能是两个，一为是，一为否。中书吏人选择了第一个，王旦的回答就简单多了："既是，就该受惩责。"选择了第二个，是有点不好回答，可王旦回答更其巧妙："既不是，岂可学他不是。"

第二个故事里的情况，大抵相同，就不说了。要说的是，世间多少事，就因为不会说这句"岂可学他不是"，而弄僵了，弄砸了，甚至弄出人命来。记住这句话吧，将受益无穷。

先哲曰："凡人语及其不平，则气必动，色必变，词必厉，惟韩魏公不然，说到小人忘恩负义，欲倾己处，辞气和平，如道寻常事，此何等学养也。"

孔子曰："伯夷、叔齐不念旧恶，怨是用希。"《书》曰："有容德乃大。"魏公读书做人，直至无物无我矣，此岂大贤以下所能及哉！

先哲曰。凡人語及其不平。則氣必動。色必變。詞必厲。惟韓魏公不然。說到小人忘恩負義。欲傾已處。辭氣和平。如道尋常事。此何等學養也。

释义：

“先哲曰”下面这句话，是元代吴亮在他所著《忍经》里说的。物不平则鸣，何说人乎？说到遭逢的不平事，动气、变色、厉词，都是正常的。韩琦先生能做到辞气和平，如道寻常事，自有其过人之处。我们是该学习，但也要稍作分析，若不作分析，只是一味效仿，装出一副不生气的样子，实则生了暗气、大气，反于身心有害。

分析什么呢？就是龙炳垣先生举出的这些例子，都是有大成就、大功名之人的。他们的为人处事，自觉不自觉间，都有种居高临下、以强视弱的架势。换句话说，平和的心态，是跟尊崇的地位分不开的。这就给我们一个启发，一是人应当有所作为，作为越大，处世的态度就越平和。当然并非全都如此，还有一种情形是，作为越大，性情越乖张，待人越残苛。一般而论，还是前一种人多些。这对我们为人处世，就是一个不小的启发。

还有一个启发，就是如何对待小人。要知如何对待，先得弄清这世上有没有真正的小人。关于这一点世人的看法并不一致。有人认为没有，人性本善，做坏事者，或为环境习染，或为生计所逼，环境好了，生计有了着落，也就不会做坏事，也就不会是什么小人了。《责己》一节里，龙先生的评点文字中，说韩琦先生曾说过，“生平未尝见一不好人者”。看来韩琦先生就属于那种眼里绝对没有小人的人。小人多半就是坏人。这世上有没有坏人呢，有人认为没有，也有人认为还是有的。

持有的观点的人，可推季羡林先生。

季先生有篇文章，其中的观点，被人称为“坏人定律”。

这篇文章叫做《坏人》，季先生的几本书里都选了。文章里说，他积将近九十年的经验，经过了长时间的观察与思考后，发现“坏人，同一切有毒的动植物一样，是并不知道自己是坏人的，是毒物的”，再就是，“我还发现，坏人是不会改好的”。他观察过几个这样的标本，“几十年前是这样，今天还是这样”。原因出在什么地方呢，“有时候，我简直怀疑，天地间是否有一种叫做‘坏人基因’的东西？可惜没有一个生物学家或生理学家提出过这种理论”。

这篇文章，是季先生九十岁上写的，九十大几，临去世前，季先生接受记者的采访，说的比这更进了一步。他说，他活了将近一百岁，去过世界上四十多个国家，就没见过一个好人变成坏人，也没见过一个坏人变成好人。于是季先生得出他的结论:坏人是天生下的。这篇文章,登在《文汇读书周报》,标题就叫《季羡林先生访谈录》。我还保存着这张报纸，后来一位老先生要看，送给他了，因此这里不能说出具体的日期。

季先生说的坏人，就是真正的小人。

我的看法是，小人未必是天生的，但确实有小人。小人最大的特点是，不一定能做好自己的事，但总想着要坏别人的事，也不一定真能坏了，总是跃跃欲试，欲罢不能。可谓利己之功未建，害人之心常存。一个有作为的人，谁没有受过小人的戕害?

这就挨着谈如何对待小人了。前面说了，韩琦曾说他“生平未尝见一不好人者”，当时看了，只有佩服，现在再看这句话,又觉得,此老不过是说大话罢了。你看这里,他明明曾“说到小人忘恩负义，欲倾己处”。也就是说，在他过往的官宦生涯里，确实遇到过对某个人有恩有义，而这个人却要将他毁了的事。这样的人,还不是小人吗?至于说,他谈及这样的人,辞气和平如道寻常事，那是因为，事情已过，这个小人并未真正的将他“倾”了。倘若当时，真的被人给倾了，我不知道韩琦先生还能不能这样辞气平和?至少是可以怀疑的。

不过,对小人的看法,韩琦先生确有高明之处。在《忍经》里，就是龙先生所引的这一段话的前面，还有韩琦先生的一段话，专谈如何对待小人的。原文是：

> 韩魏公谓：小人不可求远，三家村中亦有一家。当求处之理，知其为小人，以小人处之。更不可接，如接之，

则自小人矣。人有非毁，但当反己是不是，己是，则是在我而罪在彼，乌用计其如何？

这段话里，该注意的是，小人不在远处，说不定就在你身边。甚至连小小的三家村里，说不定就有一家。该注意的是，如何与小人打交道，韩老先生的办法是，一旦知其为小人，就应当“以小人处之”，不是说用小人的手段对待小人，而是把他当个小人对待。怎么对待呢？就是别接他的茬儿。一接，你也就成了小人。关键在于，你心里要清楚，是你对还是你错，若你是对的，不理就是了，还用得着跟他计较吗？应当说，这才是韩琦先生真正的是非观。

我们平常人的难处是，等你知道对方是小人了，也早就叫损毁得遍体鳞伤了。不怕，只要记取教训，不被第二次伤害就行了。然而问题接着又来了，第二个小人来了怎么办？他还是装做好人的样子，未施毒招前又怎么知道他是个小人？再不能往下说了，只能说，人生无常，什么样的磨难都会有，什么样的人都会遇上。重要的是，要强大自身，尽可能的趋利避祸，这样到了韩魏公那个份上，才能做到，说起小人忘恩负义，欲倾己处，辞气平和如道寻常事。看来能说这样的话，不仅是一种人生的休养，而是一种人生的境界啊。

年轻人，切记切记。

唐高宗时，韦承庆[1]尝考内外官。有一官督运，遭风失米。承庆考之曰："监运损粮，考中下。"其人容色自若，无言而退。

承庆重其雅量，改注曰：“非力所及，考中中。”既无喜容，亦无愧辞。又改曰：“宠辱不惊，考中上。”

子张曰：“令尹子文，三仕为令尹，无喜色；三已之，无愠色。”子贡曰：“君子之过也，如日月之食焉。”斯殆读此书做此人者乎？惜乎其名之不传也。

简注：

① 韦承庆 (639—705)：字延休，唐代河内郡阳武县（今河南原阳）人。性谨畏，事继母笃孝。

释义：

这个故事太有意思了。督运遭风失米，应当算是一种过失。韦承庆先生的考评，如同变戏法一样，改来改去，一次比一次好。非是承庆先生的主意变得快，实在是这个督运官太牛了。看他那个样子，似乎已将生死荣辱置之度外，反正是犯了错，爱怎么处置就怎么处置吧。

子張曰。令尹子文。三仕爲令尹。無喜色。三已之。無慍色。子貢曰。君子之過也。如日月之食焉。斯殆讀此書做此人者乎。惜乎其名之不傳也。

孟子曰。莫非命也。順受其正。又曰。我四十不動心。魏公其讀此書做此人者乎。不然何卒然臨之而不驚也。歐陽永叔稱公不動聲色。措天下於泰山之安。即此亦可見矣。

“监运损粮，考中下”，行。“非力所及，考中中”，行。“宠辱不惊，考中上”，行。最后这一考语，已与督运这事无关了，简直就是对此人现场表现的评价。说是这个督运官牛，还不如说承庆先生牛，他能透过考核政绩这件事，看出一个人的政治品质，且不固执己见，该贬就贬，该褒就褒，也算是不拘一格褒奖人才吧。

于此也可知，官场也不能说多么凶险，全看你的素质如何，应对如何。应对得好了，坏事也能变成好事，应对得不好了，好事说不定还会变成坏事。一是看你的品质如何，再是看对方的品质的如何，不是谁都能遇上承庆先生这样有眼光又有魄力的上司的。

韩魏公守西夏时，夜半观书，见有披甲执刃者立于旁。

公心知其为刺客也，徐谓曰："汝受主命而来，欲取吾首，吾当授汝首而去。"毫不惊怖。其人谢曰："相公此后不可夜深独坐。"魏公纳其言曰："诚是也。"其从容凝静如此。

孟子曰："莫非命也，顺受其正。"又曰："我四十不动心。"**魏公其读此书做此人者乎？不然何卒然临之而不惊也。欧阳永叔[①]称公不动声色，措天下于泰山之安，即此亦可见矣。**

自"立品"以至"养气"，为士做人之谱，得其大概矣。再加以主敬穷理之功，审求其所当做之事，以勉其所当做之人，勤勤恳恳，切实用功，庶几不愧乎士。

简注：

①欧阳永叔（1007—1072）：名修，字永叔，号醉翁。宋代吉州吉水（今属江西）人，自称庐陵人。谥号文忠，世称欧阳文忠。

释义：

韩魏公这件事，更早的古代也有过，且不止一起。还有的刺客，因为怕覆不了命，对主使者无法交代，而当场抹了脖子的。韩琦先生真是个能沉得住气的人，明明刺客就站在跟前，刀一挥，命就没了，他竟能慢慢地说，毫不惊怖。这要搁在现在，简直难以置信。

我们可以分析一下，韩琦先生何以能做到这一点。一、韩先生自信自己没有做过亏心事。纵然主使者对自己有仇有恨，用了这种卑劣的手段对付，而行刺不过是代人行事，没有到仇人相见分外眼红，要一刀夺命的地步。二、这种情况下，如沉不住气，或大声唤人，或奋起抗拒，都只会激怒刺客，挥刀扑来。毋庸说，这是一种智慧。韩琦先生，在北宋一朝，文韬武略，功名盖世。连同前面提到的，看他的这几件事，最大的特点该是品行敦厚，遇事不慌不忙。这样的品行，建立卓著的功业，也就不足为奇了。欧阳修说他："不动声色，措天下于泰山之安。"实在是个恰当的评价。

需要说说的是孟子的两句话。前一句的全文是："莫非命也，顺受其正；是故知命者不立乎岩墙之下。尽其道而死者，正命也；桎梏死者，非正命也。"（《孟子·尽心上》）意思是，天下的事，没有一样不是天命注定的，顺其自然地承受，再正常不过了。所以懂得天命的人，不会站在危险的岩墙底下。竭尽全力行道而死的，那是正常的死，犯罪受刑而死的，就不是正常的死了。本乎此，可知龙先生引用这句话的意思是，韩琦先生是个知天命的人，自己平生为国尽忠，没做过什么亏心事，遇上这种情况，死就死吧，没什么大不了的。因此才能平静地对刺客说："你是受人派遣而来，要我的头脑，那就给了你吧。"这样从容淡定，看起来是一种智慧，实际上垫底子的，是一种无私无愧的品质。

"我四十不动心"一句，较为复杂。这句话前面，有孟子的弟子公孙丑的一句问话："夫子加齐之卿相，得行道焉，虽由此霸王不异矣。如此，则动心否乎？"意思是，要是让老师当上齐国的卿相，得以推行您治国的一套办法，因此而能成就称霸一方的大事业，你会动心吗？下来才是孟子的回答："否。我四十不动心。"这样的回答，我们通常会理解为，虽位高权重，我也不屑一顾。这样的理解不能说不对，总是不符合孟子的本意。

看看朱熹先生是怎么解释的。在《四书章句集注》里，此句下加注："此承上章，又设问孟子，若得位而行道，则虽由此而成霸王之业，亦不足怪。任大责重如此，亦有所恐惧疑惑而动其心乎？四十强壮，君子道明德立之时。孔子四十而不惑，亦不动心之谓。"看了这几句注解，就知道朱熹先生的理解，跟我们有所不同了。按这个解释，孟子回答的那句话，含义应当是："我已经四十岁的人了，认定的事情，会毫不犹豫地去做。"这样的理解，也才符合龙先生引用在这里的本意。用在韩琦先生身上就是，我这么大年纪了，既然为国家驻守边防，遇到这样的凶险，怎么能贪生怕死，乞求饶命呢？

这一节的末尾，对《士谱》一章，龙先生作了总结。说是，从"立品"以至"养气"，若细细体味，怎样做一个有为有守的读书人，该能把握个大概了。这还不够，还要再加上"主敬穷理之功"。主敬穷理，是两个意思，一是心诚意正，一是精研事理。可以说，一是态度，一是方法，态度要的是端正，方法要是的邃密。这样一来，无论担负什么样的责任，"审求其所当做之事，以勉其所当做之人，勤勤恳恳，切实用功"，就不会有愧于"士"这个称号了。

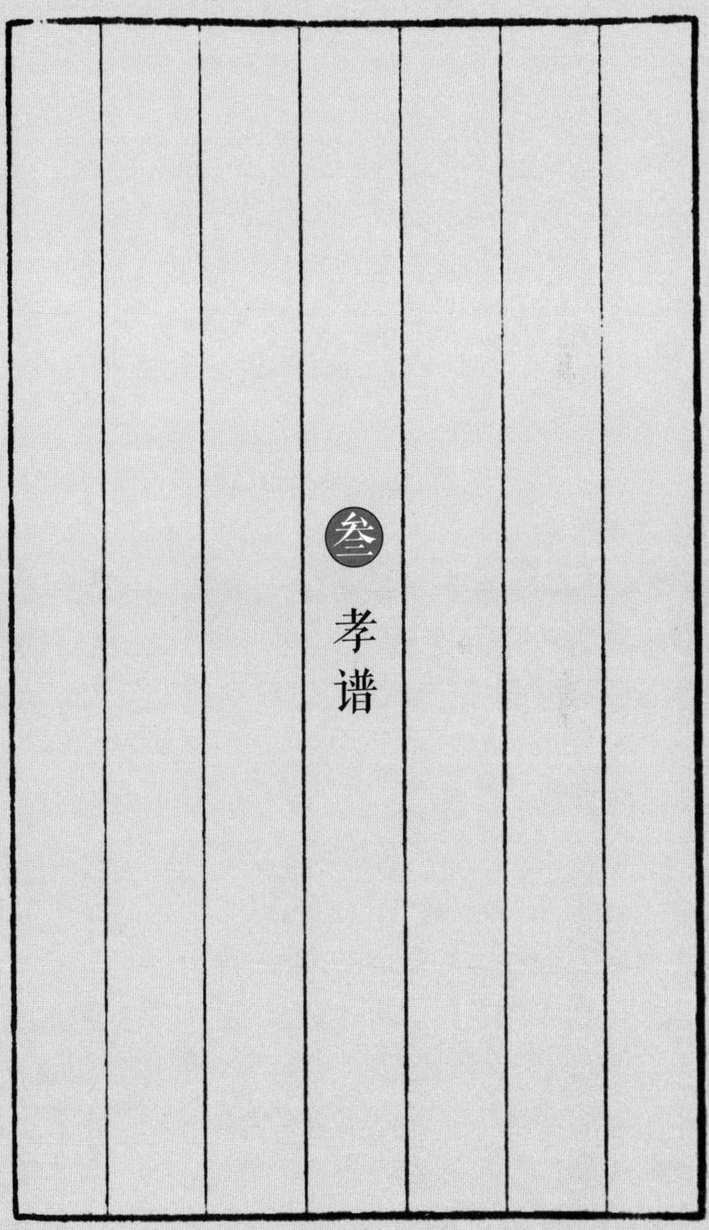

叁 孝谱

无　私

顾态性至孝，父娶妾生二子，最钟爱，态每岁束脩，悉以奉父。庚子春，馆于张氏。赴馆之日，张访知其行，即具一岁束脩送之。且告曰："今日得银，尊公未知也。此间适有田欲卖，可买之。俟秋成，可得余租为私蓄。"态曰："不可，岂敢为几斗米易其心，且欺吾父哉！"竟持献于父。生子际明，少年登第，官翰林。

子曰："父在观其志。"《礼》曰："不有私财。"顾公会读此书，做出一个至德孝子，是则世之好货财、私妻子者，可以翻然改矣。

释义：

顾态的故事，见清朝编的《德育古鉴》一书。并非什么高文典册，龙炳垣先生将之置于《孝谱》的第一节，想来是有深意的。意在何处，端在无私。且看顾态先生是怎么做的。

他的处境不能说多么好。父亲娶下

子曰。父在觀其志。禮曰。不有私財。顧公會讀此書。做出一箇至德孝子。是則世之好貨財。私妻子者。可以翻然改矣。

小老婆，生了两个孩子，最是钟爱，待他如何，不言自明。纵然如此，顾态先生不改为孝的本志。他是私塾的教书先生，每年的束脩即薪水，全都交给父亲。这是平常，关键在于遇到特殊情况，该怎么处理，这就见出真正的品德了。某年春，他去张氏家教书，张氏知道他平日的作为，特地将一年的束脩送上，且说："我今天送给你的银子，你父亲不知道，这里正好有块地要卖，你可买下，到了秋天，可得到一份余租作为你的私房钱。"

这个账是怎么算的呢？起初弄不明白。张氏给的钱，是一年的束脩即一年的薪水，并非额外的赠金。顾态先生每年的束脩，都要上缴父亲，莫非今年敢不缴了？再一想也就明白了。教馆的先生，每年的束脩，都是年底回家时才给的。张先生一开春就给了，想让顾先生买下地再租出去，秋天得下租子，再将地如数卖掉。地钱还是束脩那些钱，缴给父亲。租子就是多余的了。这样，神不知鬼不觉就得到一份私房钱。在张氏看来，是替他的教书先生打的一个如意算盘，顾态先生定会领情。料不到的是，顾先生并不领这个情。为何？是神不知鬼不知，但他顾态心里是知道的，这就不行了。因此说："岂敢为几斗米易其心，且欺吾父哉。"二话不说，当即就上缴给父亲了。

这个故事的末尾有一句："生子际明，少年登第，官翰林。"用意很明显，不过是说，顾态先生这样无私行孝，善有善报，报在他的儿子身上。中国人教人学好，就这一套最讨厌。再好的德行，都成了一种公平的交易。而不是说，该怎么就怎么，只说道理，不计成败，不计利之大小。成功了就做，利大了就做，那是做买卖，与品德有什么关系？若行孝的都会得到顾态先生这样的后果，那就太可怕了：满大街，不，漫山遍野都是行孝的人，各种稀奇古怪的行孝办法，都会亮出来。只是，这还叫行孝吗？这不叫行孝，叫毁孝。孝敬的不是父母，而是儿孙。

但我也不认为顾态先生这个后果就是假的。他是教书先生，儿子受的教育定然不错；他的品德这么好，儿子定然受其感染，品性也不会差到哪儿。他的父亲能正妻之外，再娶少妾，家境该是富有的。有钱财，有文化，有德行，他的儿子得以高中，该在情理之中。在这上头，即行孝与报应，我的看法是：世事无常，仍有个大致的趋向。世事无常，世界才这么丰富多彩，有个大致的趋向，世界才有公道可言。行孝者，只说该不该行孝，暂且还是不计后果报应为佳。

书中引用《论语》里的话，全句为："父在，观其志；父没，观其行；三年无改于父之道，可谓孝矣。"意思是，父亲活着的时候，看他的志向。因为这个时候，父亲当家，自己还在受教育的阶段，最能看出一个人的志向。等父亲去世了，你当家，那能不能有出息，就看你的行为了。父亲去世三年之内，不改变父亲主持家政时的基本做法。有志，有行，又能恪守家道，这三条做到了，就可说是个真正的孝子了。顺便说一下，这里说的三年，不是正好三年，而是指一个较长的时期。这是古人的一个用语习惯，时间长了，就是三，如“一日不见，如三秋兮”；事情多了，也是三，如“举一反三”；想的多了，也是三，如“思之再三”。并不是说，真的是个三，二不行，四也不行。

所引《礼记》中的“不有私财”，全句为：“父母存，不许友以死，不有私财。”不有私财好理解，因为旧时代，大家庭在一起生活，所有财物，包括金钱，都应当缴给父亲，统一使用。最堪体味的是，“不许友以死”。报上常看到，一些年轻人，动不动就跟上朋友找人拼命，这在旧时代，先就不孝。为什么，你答应朋友去跟人拼命去了，就不想想，你要是死了，你的父亲母亲，该是如何的伤心，如何的悲痛欲绝。而一个做事让父母如此伤心悲痛的人，能说是个孝子吗，不是孝子，能说是个好人吗？

色　养

柳元公为仆射，性严重，人皆惮之。接物应事，常少喜容。**一至薛太夫人侧，即和颜悦色，笑容可掬，且不敢以颜色待家人。**

子夏问孝，子曰：“色难。”柳公会读此书，从此做人，所谓有深爱必有和气，有和气必有愉色，有愉色必有婉容也。以严厉之色对父母者，是大不孝。

释义：

柳元公的事情至为简单，不过是说，在外面很严肃，少笑容，一回到家里，见了继母，就和颜悦色，笑容可掬，就是对家里的其他人，也不耍态度。事情简单，道理可不简单。前面的评述，多不涉及龙炳垣先生的点评，这是因为，龙先生的点评，多见引用《四书五经》里的现成话语，词义不是多么深奥，一般的读书人看了就明白，毋庸赘言。这里不同，节名的《色养》先就不多听说，勉强释为“用好的态度孝敬长辈”，也不是很准确。还是看看龙先生点评里引用的圣贤之言吧。

上文说“继母”，是《唐语林》里说的，原文是：“奉继亲薛夫人至孝，凡事不异布衣时。”

子夏问孝句，语出《论语·为政第二》。说全了是：“子夏问孝，子曰：色难。有事弟子服其劳，有酒食，先生馔。曾是以为孝乎？”不说前面的“色难”，只说后面“有事”以后的话。换成白话，是说：有了事，孩子们操办，有了酒食，年长的吃，这就是尽了孝道吗？显然，尽力办事，敬奉酒食，孔老先生不认为就是尽了孝道。《论语》里，这段话

一至薛太夫人側。即和顏悅色。笑容可掬。且不敢以顏色待家人。

的前面，还有一段话，讲的就是这个道理。原文是："子游问孝，子曰:今之孝者，是谓能养。至于犬马，皆能有养，不敬，何以别乎？" 意思是:现在行孝的人，说是能养活老人就行了。至于狗和马，也是能够得到饲养的，没有敬意，人跟狗和马有什么不同？这就明白孔老先生的意思了。就是，孝，必须以敬为前提，而不能仅仅以替他做事，让他酒食为判断。这样，龙先生的标题的"色养"二字就不难明白了。说的繁复点即是，以诚敬愉悦的态度孝敬双亲，让他们颐养天年。

子夏问孝句里，有"弟子"和"先生"的说法。不看前面的文句，极容易把这儿的"弟子"，看成门人或学生，把"先生"当成老师。对此杨伯峻在《论语译注》里译为年轻人、年长的人。且引用了前人话作解释：刘台拱《论语骈枝》云："《论语》言弟子者七，其二皆年幼者，其五谓门人。言先生者二，皆谓年长者。" 马融说："先生谓父兄也。" 亦通。

几　谏

闵子骞[1]事继母甚谨，母恶之。冬寒，以芦花作絮衣衣之。偶为父御车，面有寒色，时战栗。父问何故，闵子不言。父疑，启衣视之，乃芦花也。父怒，欲出继母。闵子请止曰："母在一子寒，母去三子单。" 父悟而止，后母亦悟，待之加厚。

薛包[2]好学笃行，父娶继母，逐包异居。包日夜号泣不忍去。父逐之急，包不得已，出居外舍，旦入洒扫。父母又逐之，乃庐于里门，晨昏必入问安。积岁余，父母悔悟，命还。及父母亡，哀痛成疾。

王览[3]，后母朱氏所生。朱氏恶其兄祥，待之无道。览年数岁，见祥被楚挞，辄涕泣抱持。至于成童，每谏其母，母少止凶虐。朱氏屡以非礼使祥，览必与祥俱。又虐使祥妻，览妻亦趋而共之。朱患之，乃止。人第称览之能弟，吾谓览几谏之孝，更非人所能及。

孔子曰："事父母几谏，见志不从，又敬不违，劳而不怨。"王、薛诸贤，会读此书，各做成一个几谏孝子，凡事后母者，其以为法哉。

简注：

①闵子骞：名损，字子骞，春秋末期鲁国人。孔子高徒。为七十二贤人之一，与颜回齐名。明朝人编撰的《二十四孝图》，闵氏排第三。

②薛包：汉代安帝时汝南（今属

孔子曰。事父母幾諫。見志不從。又敬不違。勞而不怨。王薛諸賢。會讀此書。各做成一箇幾諫孝子。凡事後母者。其以爲法哉。

河南）人，生平不详。事见《后汉书》，又见《颜氏家训》。

③王览：晋代琅玡（今属山东）人。其兄王祥，以卧冰取鱼事收入《二十四孝图》。其曾孙即著名书法家王羲之。

释义：

几，微也。几谏，这里的意思是，以轻微和婉的态度规劝长辈。

这三个故事，读书稍多的人，都耳熟能详。要说的是龙炳垣先生编在一起的用意。前两个，有相似之处，都是后母怎样厌恶、虐待，当儿子的，怎样隐忍，怎样孝敬，说是几谏，倒不如说是苦谏——不是苦苦陈说，而是以苦受为谏。闵子骞说给父亲的那句话，“母在一子寒，母去三子单”，也只能说是谏阻父亲不要将继母打发走，并非对继母的劝谏。这样的孝行，今世人听了，如同天方夜谭，既载之典册，我们还得相信真有其事。现在常闻弃养老人的事，看了闵子骞和薛包的事，该羞愧难当，幡然悔悟吧？

有了这两个故事,龙先生“几谏”的意思算是表达清楚了。何以还要添上个王览的故事呢？这就见出龙先生用心之细了。

闵子骞家三个兄弟，薛包家有几个兄弟未说，想来继母该是有孩子的。这就提出一个问题：像闵薛这样苦行孝敬继母的，那么继母这边孩子，该如何对待异母的兄长呢？那就看看王览先生的弟弟是怎么做的吧！我想，这该是龙先生编撰此节文字的本意。惟愿读者朋友好生体味。

文中，王览一事后，龙先生的评语是："人第称览之能弟，吾谓览几谏之孝，更非人所能及。"前一个"第"，是"但"的意思，后一个"弟"，音替，读音与意义均与"悌"相同。古书里，孝弟二字多连用，孝指孝敬父母，弟指敬爱兄长，引申为友善兄弟。孔子对孝弟的作用，看得很重，认为是做人行事的根本。

锡 类

宋英宗与太后不和，言于韩魏公曰："太后待我少恩。"魏公对曰："父母慈而子孝，此常事，不足道。惟父母不慈，而子孝，古今所以推大舜也。舜见得理极透，谓天下无不是的父母。故使之苫盖而焚廪，舜不见父母之非。使之浚井而盖其井，舜不见父母之非。更且自反自责，谓己不能孝亲所致也。"英宗遂悟。罗仲素①云："惟如此，而后天下之为父子者定。彼臣弑其君，子弑其父，常始于见其有不是处耳。"

王阳明先生居乡时，有父子讼狱者，诉于先生。先生曰："舜常自以为大不孝，所以能孝；瞽瞍常自以为大慈，所以不能慈。瞽瞍不知自心为后妻所移，妻之所言，无不听信，满耳满腹，只见得舜之不孝，所以愈不能慈。舜只思人子必能转移父母之心，方全子道，我不能转移父母之心，便是不孝，所以益加孝敬。故舜是古今大孝的榜样。"父子听先生之言，即感化，相抱哭泣而去。

韓魏公與陽明先生是古今絕頂天分的人故其讀書有絕頂的會悟絕頂的見識舜事親盡孝之書誰不讀過能如此悟徹而講明之者曾幾人乎二公會

韩魏公与阳明先生是古今绝顶天分的人，故其读书有绝顶的会悟，绝顶的见识。舜事亲尽孝之书，谁不读过？能如此悟彻而讲明之者，曾几人乎？二公会读此书，与人讲明，使英宗与乡人之做父做子者，一齐感悟，并能使天下后世之做父做子者，均可以感悟。《诗》曰："孝子不匮，永锡尔类。"其是之谓与？

简注：

①罗仲素（1072—1135）：宋代理学家。名从彦，字仲素，号豫章先生，南剑州剑浦（今福建南平）人。

释义：

龙炳垣先生编撰此书，节名多用僻典，前一节的"几谏"是一例，这一节的"锡类"又是一例。我们还是仿前例，先解释一下"锡类"这个词儿。此词出于《诗经》，见《大雅·既醉》一诗。原诗中的两句，后面的点评中引用了，即："孝子不匮，永锡尔类。”锡同赐。类字，现在的许多古文选读书上，都解做“同类”。《诗经毛传》的解释是：“类，善也。”郑玄的笺注则说：“孝子之行非有竭极之时，长以与女之族类，谓广之以教道天下也。”又释作“族类”了。这里，我们不妨两说并存。意思呢，一样的，就是：以其善行，施及众人。

第一个故事，最是好笑。我们平日一说起什么，总说当皇上的如何自在。看了宋英宗这件事，该知道，皇上家里也有难办的事。注里说了，仁宗无子，英宗是过继过来的。而太后，不可能是过继过来的，这样，一个真太后，与一个假儿子之间，就免不了会产生龃龉。但他们的名分，又确实是母子。当英宗将心中的苦恼告诉给韩琦先生时，韩先生的过人的智慧就显示出来了。他先说一通道理，就是逢上慈爱的父母，哪个儿子都会孝顺，这是再平常不过的了，有什么好说的。只有逢上不慈爱的父母，儿子能孝顺，这才是真孝顺。接下来举了大舜的例子。大舜的后母，还得加上父亲，待舜极苛，让舜去苫盖房顶，就在下面放火烧房子，让舜去浚井，就把井口盖住要捂死大舜。所幸舜都躲过了。舜该恨他的父母了吧？韩琦先生说：“才不呢，他不光不见父母之非，还反过来责备自己不能孝亲，才让父母做这样的事，成为这样的人。”听了这话，英宗就悔悟了。这正是韩琦先生，能以己之善德，施诸他人的地方。

王阳明先生的这件事，说的也是以善施人，却与韩琦先生施善的对象有所不同。

英宗即位后，曹太后曾一度垂帘听政，后来还政于英宗，心里总有所不平，应当说错在曹太后，韩琦先生劝导英宗，着意在以己之诚，感化太后，因此偏重在舜的德行。王阳明面对的是父子讼狱，从后面的辞气上体味，似乎父亲这边的不是要多些。因此，同样的以舜为例譬解，说舜的父亲瞽叟的话就重些。你看他是怎么说的：“瞽叟不知自心为后妻所移，妻之所言，无不听信，满耳满腹，只见舜之不孝，所以愈不能慈。”总是当父亲的悔悟了，儿子也觉得自己有不是之处，父子俩这才“即感化，相抱哭泣而去”。

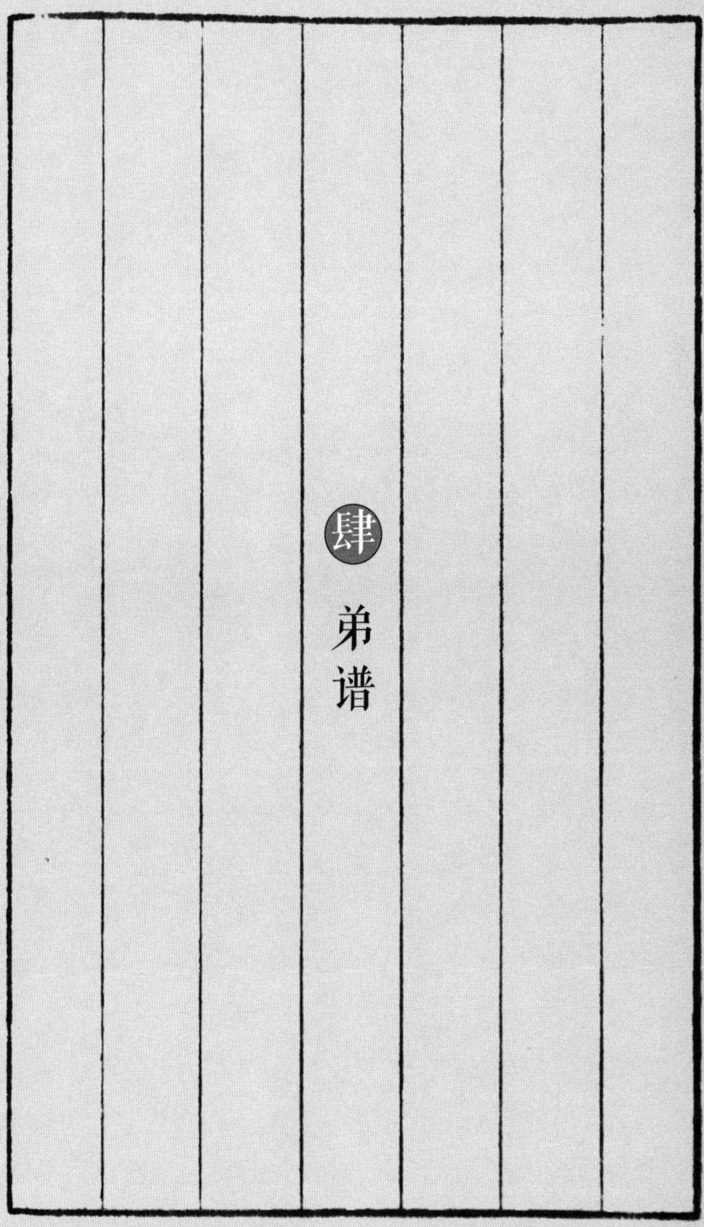

肆 弟谱

敬爱

杨播[①]家世纯厚，并敦义让，昆季相事，有如父子。其弟椿、津，尤恭敬。兄弟旦则聚于厅堂，终日相对，未尝入内。有一美味，不集不食。厅间往往帏幔隔障，为寝息之所，时就休息，还共谈笑。椿年老，曾于他处醉归，津扶持还室，假寐阁前，承候安否。椿、津年过六十，并居台鼎，而津常旦暮参问。子侄罗列阶下，椿不命坐，津不敢坐。椿每近出，或日斜不至，津不先饭。椿还，然后共食。食则津亲授匙箸，味皆先尝。椿命食，然后食。津为泗州，椿在京宅，每有四时嘉味，辄因便附达，若或未寄，不先入口。一家之内男女百口，缌服同爨，庭无闲言。

司马温公大拜后，与兄伯康友爱甚笃。伯康将八十，温公奉之如严父，保之如婴儿。每食少顷，则问曰："得无饥否？"天少冷，则拊背曰："得无寒否？"**以首相之贵，而敬爱其兄**

否。天少冷。則拊背曰得無寒否。以首相之貴。而敬愛其
兄如此。則以富貴而陵轢其兄弟者。眞虎狼不食其肉
者也。

如此。则以富贵而陵轹其兄弟者，真虎狼不食其肉者也。

孔子谓子路曰："兄弟怡怡。"孟子曰："大人者，不失其赤子之心者也。"杨公与温公会读此书，做成一个悌弟，故事兄如父，老而弥笃焉。

简注：

①杨播（？— 513）：字延庆，北魏弘农华阴（今属陕西）人。曾随高祖南征，建奇功。任太府卿，晋爵为伯。景明初，授安西将军，华州刺使。后犯事，卒于家。

释义：

本章名为《弟谱》，前面说了，"弟"同"悌"，敬重兄长的意思。也可以泛指兄弟姐妹间的友爱。"弟"为封建礼教的一个重要方面，常与"孝"连用，称为"孝弟"。《论语·学而篇第一》的第二段，说的就是孝弟的重要性。原文为："有子曰：其为人也孝弟，而好犯上者，鲜矣；不好犯上，而好作乱者，未之有也。君子务本，本立而道生。孝弟也者，其为仁之本与！"

杨播先生是北魏的名臣，从曾祖到他的儿子，世代为官，看来家庭教育确实不错。这里用了"家世纯厚，并敦义让"八字，就是对他家世的评价。昆季三人，相事有如父子，可见兄弟间敬重的程度。最感人的，还是他家老二和老三的事。兄弟两人，白天一整天在厅堂相聚，绝不进卧室与妻子亲热。累了怎么办，厅间挂一个布帐子隔开，休息上一会，起来继续谈笑。

年轻时这样，老了该有所改变吧？不，更甚。有一次老二在外面喝酒喝高了，老三扶回来仍不肯离开，就在阁前半睡不醒地守着，哥哥一醒来就上前问候。年过六十，两人都官居高位，每天早上晚上，老三仍要到老二跟前问安。不光他去，还要带上儿子和侄儿，在台阶下规规矩矩地站好。老二不说坐，老三就不敢坐。另外的规矩还很多，就不说了。

在这上头，司马光先生做得更绝。大拜，就是做了宰相。司马光做宰相时，年纪已经很大了，他的哥哥伯康先生将近八十。这个弟弟是怎么做的呢？“奉之如严父，保之如婴儿”。吃罢饭刚过上会儿，就问：饥吗？天稍微变冷，就摸摸脊背问：冷吗？这也难怪龙炳垣先生会感叹说：以首相之尊贵，而能这样敬爱他的兄长，那些一旦富贵，就欺凌其兄弟之人，实在是太可恶太不该了，连虎狼都羞于吃他们的肉！

文中“缌服同爨”一语的缌服，即缌麻服，多指关系较远的族亲。这里的意思，该是指家中地位不高的人。同爨，就是一起开伙吃饭。

义 类

薛包好学笃行，诸弟求分财异居，包不能止，不得已，从之。奴婢引其老者，曰：“与我共事久耳。”田庐取其荒顿者，曰：“吾少时所理耳。”器物取其朽败者，曰：“吾服食所安耳。”后诸綽綽有裕。不令兄弟。交相爲瘉。薛公會讀此書。做成一箇篤友的兄長。讓美取惡。破而復合。如此。世之分產爭訟者。何憒憒也。

弟数破家产，辄复赈给之。

《诗》曰："兄及弟矣，式相好矣，无相犹矣。"又曰："此令兄弟，绰绰有裕；不令兄弟，交相为愈。"薛公会读此书，做成一个笃友的兄长，让美取恶，破而复合，如此，世之分产争讼者，何愦愦也。

释义：

龙炳垣先生编撰此书，真可谓面面俱到，煞费苦心。孝悌之道，确为做人的根本。然而，世间事往往不是那么简单。像前节所述，杨家昆季，司马家兄弟，兄慈弟友，那是好的例子，也可说两好合成了一好。人性有其恶的一面，要是遇上个刁钻无赖的弟弟该怎么办？不是一个，而是几个，又该怎么办？别急，龙先生自有办法，马上就举出薛包先生这个例子。还得说一句，薛先生的这几个弟弟，要求分家异居，也不能说多大的不对，只是按旧时代的礼义，还是一大家人和睦相处更好些。薛先生先是规劝，不听，只好依从。毕竟是哥哥，还是读书知礼的哥哥，他的做法真是让人尊敬。奴婢，要年纪大的，说是，与我共事久了，用着方便。田地和房舍，要偏远矮小的，说这是我少年时耕种和居住过的。器物要破旧的，说是我用起来安心。后来诸弟经营不善，几次破败，薛包先生不念旧恶，马上伸手援助，帮着渡过难关。这里没有说后来几个兄弟愧也不愧，想来该会愧疚的吧。

德　感

王文正公旦，弟傲不可训。一日，将祭家庙，列百壶于堂。其弟击破之。家人惶骇，公忽外入，见酒流满地，不可行，并无一言，但摄衣步入，诚敬致祭，其弟惭而悔悟焉。

牛宏①为吏部尚书，其弟弼好酒而酗，尝醉射杀宏驾车牛，宏归，妻谓曰："叔杀牛。"宏曰："作脯耳。"无他言。坐定，其妻又曰："叔杀牛，大是异事。"宏曰："我已知。"颜色自若，终无异言，弟自感悟。

孟子曰："仁人之于弟也，不藏怒焉，不宿怨焉，亲爱之而已矣。"王牛二公，会读此书，做成一个仁德兄长，故其弟皆感化，迁善改过如此。

孟子曰。仁人之於弟也。不藏怒焉。不宿怨焉。親愛之而已矣王牛二公。會讀此書。做成一箇仁德兄長故其弟皆感化。遷善改過如此。

简注：

①牛宏（544—610）：字仁里，北魏安定鹑觚（今属甘肃）人。北周时，曾任大将军，迁授散骑常侍、秘书监。

释义：

前面说的薛包先生的几个兄弟，只是要分家，没有大本事，还不能说多么坏，这里说的，王旦先生的弟弟，牛宏先生的弟弟，可就不成器了，一个是“傲不可训”，一个是“好酒而酗”，且都做了出格的事。王旦的弟弟，在祭家庙的时候，故意将祭器打破，酒流满地，难以行走。牛宏的弟弟更昏，仗着酒劲，竟将牛宏驾车的牛射杀。薛先生和牛先生能不生气吗？生气归生气，但绝不发作，而是坦然应对，处之若恒。平日该怎样，这会儿还怎样。

王旦先生是个厚道人，不发一言，只是提起衣襟进了家庙，诚敬致祭，就像什么事也没发生过。牛宏先生同样厚道，却要幽默些。妻说：“叔把牛杀了。”牛先生说:“正好做牛肉干吃。”妻又说:“叔把牛杀了,这可是大异事啊!”牛先生说:“我知道了。”后来,这两个弟弟,一个“惭而悔悟”,一个“自感悟”。这就是好哥哥以德感人的作用。

还要说一下孟子的那句话。

龙先生引用经典上的话语,多是说明前述事情的理论根据。只是这次的引用,与前述的事情相对照,稍有出入。无论是王旦先生,还是牛宏先生,对顽劣的弟弟,都采取了隐忍不发的态度。按孟老先生的看法,这样做并不完全正确。至少也是,还有一种办法,也同样可以采用,采用了仍能表示兄长对弟弟的亲爱有加。这办法就是,“不藏怒焉,不宿怨焉”,说白了就是,该发怒还是发怒的,只是睡上一晚上,第二天就忘了。我倒是觉得,这是一个更合乎人情的好办法。

伍
忠谱

正　君

孟子三见齐王而不言事，门人疑之。孟子曰："我先攻其邪心，心既正，然后天下之事，可从而理也。"程明道[1]曰："政事之失，用人之非，知者能更之，直者能谏之。然非心存焉，则一事之失，救而正之，后之失者，将不胜救矣。格其非心，使无不正，非大人其孰能之。"

《书》曰："绳愆纠谬，格其非心。"孟子会读此书，做成一个正己正物的大人，此做臣子之第一义也，然而鲜能之矣。

简注：

①程明道（1032—1085）：即程颢，字伯淳，北宋洛阳伊川人，程颐之兄，世称明道先生。

释义：

孟子的这件事，《孟子》不

邪心。心既正。然後天下之事。可從而理也。程明道曰。政事之失。用人之非。知者能更之。直者能諫之。然非心存焉。則一事之失。救而正之。後之失者。將不勝救矣。格其非心。使無不正。非大人其孰能之。

载，见于《荀子·大略篇》。这一章名为《忠谱》，忠于谁？当然是忠于皇上。但龙炳垣先生没有先举愚忠的例子，而是举了个孟子见齐宣王的例子，这是他的高明之处。这个齐宣王，只能说一方诸侯，难说是什么皇上。孟子也不是什么臣子，顶多说是贵宾。但以下奉上的道理是一样的。劝说君王，先正其心，道理也是一样的。程颐先生的总结，把道理说透了。这道理，对帝王适用，对我们普通人家也同样适用。比如个人行事，若能“格其非心，使无不正”，就不会做什么违法乱纪的事了。比如教育孩子，先“格其非心”，具备良好的品质，那么不管做什么，也出不了大娄子。

程伊川先生上疏曰：“三代之时，人君必有师傅保之官。师，道之教训；傅，傅之德义；保，保其身体。后世作事无本，知求治而不知正君，知规过而不知养德。”又尝进言曰：“臣欲令主上一日之中，亲贤士大夫之时多，亲宦官宫妾之时少，则有以涵养气质，熏陶德性也。”

孟子曰：“君仁莫不仁，君义莫不义，君正莫不正。一正君而国定矣。”又曰：“有大人者，正己而物正者也。”**伊川先生会读此书，从此做人，三代而下，罕有其匹。惜乎哲宗之不久用也。**

释义：

程伊川先生上疏，看后面的文句，是上给宋哲宗的。哲宗少小即位，在位十五年，死时不过二十四岁。这么年轻，确如伊川先生所言，是要有人辅佐教导的。师、傅、保三类官，三代时叫什么，不必说了，后世确有太师、少傅、少保之类的官名，看来就是做这个事的。他们的作用虽有些不同，一言以蔽之，都是辅佐教导皇上的。这里说了两种关系，一是求治与正君的关系，一是规过与养德的关系，对皇上如此，对我们普通人又何尝不是如此？稍有不同的是，普通人不会去治天下，当个好人也不是为了做皇上。改一下，求治可以说是建立功业，正君可以说是端正人生的态度，规过是一次性改错，养德是具备良好的道德修养，孰轻孰重，不言自明。有意思的是下一句话。伊川先生又向皇上进言：“臣欲令主上一日之中，亲贤士大夫之时多，亲宦官宫妾之时少，有以涵养气质，熏陶德性也。”皇上正当青春年少，这样的劝导是很及时的，也是很重要的。我们普通人没有宦官宫妾可亲近，但

君而國定矣。又曰。有大人者。正己而物正者也。伊川先生會讀此書、從此做人、三代而下、罕有其匹、惜乎哲宗之不久用也、

也有个跟什么人接触多，跟什么人接触少的问题。至少应当做到，跟有学问、德行好的人，接触多些，跟游乐之徒接触少些吧？

文中引用的孟子的两句话，也可以做这样的理解。在一个家庭里，家长就是君主，至少孩子小的时候，是这样的。既负有养育之责，又负有教育之责。这个时候，家长的表率作用，非常重要，言传身教，看似无形，实则有形。不敢说有什么样的家长，就有什么样的子弟，总可以说，家长的毛病，子弟容易染上，家长的优点，子弟也容易学下。这就有点像孟子说的，“君仁莫不仁，君义莫不义，君正莫不正”了。我们当了不一个好的领导，还当不了一个好的家长吗？

荐　贤

狄仁杰[①]为相，武后命举尚书郎二人，仁杰乃举其子光嗣。武后曰：“君足继祁奚矣。”已而复荐张柬之曰：“此人宜为宰相，不可以常职待也。”又荐姚崇、桓彦范、敬晖等，皆为名臣。或谓之曰：“天下桃李，尽在公门矣。”**仁杰曰：“荐贤为国，非为私也。”**其公忠无我如此。

孔子曰：“举尔所知。”《秦誓》曰：“若有一个臣，断断兮无他技，其心休休焉，其如有容焉。人之有技，若己有之，人之彦圣，其心好之，不啻若自其口出，实能容之。以能保我子孙黎民，尚亦有利哉。”狄梁公会读此书，做出此人，庶几休休有容者矣。

简注：

①狄仁杰（630—700）：字怀英，唐代并州太原人。武则天当政时期曾任宰相。唐睿宗即位后又封为梁国公。后面提到的张柬之、姚崇诸人，皆为武则天时代的名臣。

释义：

当臣子的，不光要辅佐规劝君王，还应当举荐贤才，以担当大任，治理天下。狄仁杰是一位贤相，在这方面尤为突出。你看他，一次一次的举荐，都是有才能的人。最妙的是，武后让他推举两个当尚书郎的人，他头一个就推举了他的儿子狄光嗣。后来证明，他这个儿子还真行。起初任命为地官员外郎，后来历任淄、许、贝三州刺使。看来武则天早知狄家这个孩子是个人才，狄一推举，武则天便说：“你真是可以跟祁奚有一拼啊！”

祁奚，内举不避亲，外举不避仇的故事，好多人都知道，就不说了。后来狄仁杰又举荐了姚崇等人，这些人都是一代名臣。

爲名臣。或謂之曰。天下桃李、盡在公門矣。仁傑曰。薦賢爲國、非爲私也。其公忠無我如此、吾嘗謂天下讀書人多不明理不明理則只要作貴人不要作好人肆志妄行如此所以窮則敗人心風俗於一鄉達則欺君親社稷於當代如錢明逸者不知其凡幾矣

龙炳垣先生点评中，引用了《秦誓》中的一句话，不好理解。这话出自《尚书·秦誓》，其实在《大学》里引用过，读过四书的人，该是知道的。意思比较费解，换成白话，大意是说：若有一个臣子，他有明智的决断，虽然没有什么专长，只要他心地善良正直，像一个大的容器一样，别人有长技，像自己有一样，别人有好的品行，他就喜欢，不是嘴上说说，而是真的能够容纳对方。这样的人，若委以重任，一定能保佑我子孙黎民，还不是大有利于国家的吗！

休休有容，后来成了一个成语，形容君子宽容而有气量。

勤　政

韩魏公知大名府，事无大小，悉亲视之，寝食不废，案牍就决卧内。或以公任事过劳，劝委属佐。公曰："讼狱，人之大事，生死得失，决于一言，何可略也。吾辛勤自理，尝恐有所不尽，况敢委他人乎？"钱明逸①久在翰苑，出为泰州牧，因而怏怏，常不视事。魏公闻之，叹曰："意虽不惬，独不念所部十万生灵耶？"仁人之心，动合天地。

孔子曰敬事，曰劳之，曰无倦，曰敏则有功。魏公会读此书，照此做人，学识精深，德量远大。若钱明逸者，戋戋小人，岂不丑死？

吾尝谓天下读书人多不明理，不明理则只要作贵人，不要作好人，肆志妄行。如此，所以穷则败人心风俗于一乡，达则欺君亲社稷于当代，如钱明逸者，不知其凡几矣。

简注：

①钱明逸（1015—1071）：字子飞，北宋临安（今属浙江）人。登科仅五年，即知谏院，为翰林学士。数历州郡。神宗即位，为御史所劾，论其附奸邪以陷正人，罢去学士。

释义：

勤政，乃是当官的本分。韩琦这个人，做的就很好。事无大小，都亲自处理。时间不够用怎么办？只能是抽空儿就办。寝食不废，似乎不好理解，莫非睡着了还能办公？该是说就寝前，还要批阅公文，一边吃饭一边办事。常把公文带到卧室批阅。有人认为他太劳累了，劝他还是交给僚属去办。他说：

"诉讼案子，这是关乎人命的大事，生死得失，决于一言，怎么可以简略从事呢？我这么辛勤自理，还怕出了纰漏，怎么敢推诿给他人去办？"

这是对自己，对别人怎样，韩先生同样严格要求。

钱明逸这个人，大概还有点才，常有怀才不遇之感。原在翰林苑，外放为泰州刺史，心里不太快活，常不管事。韩琦先生听了，叹息说："心里再不快活，怎么就不想想管辖下的十万生灵？"

龙先生点评中的"孔子曰敬事，曰劳之，曰无倦，曰敏则有功"，千万别以为是《论语》中一句完整的话。不是的，是龙先生从孔子的几句里概括出来的。"敬事"采自《学而第一》，原话是："子曰：道千乘之国，敬事而信，节用而爱人，使民以时。"这里"敬事"的意思，不及另一处显豁。《卫灵公第十五》里有一句是这么说的："子曰：事君，敬其事而后其食。"

"劳之"和"无倦"，均在《子路第十三》里。原话是："子路问政。子曰：先之劳之。请益，曰：无倦。"杨伯峻先生的译文是：子路问政，孔子道："自己给百姓带头，然后让他们勤劳地工作。"子路请求多讲一点，孔子又道："永远不要懈怠。"我看杨先生的理解，有点小偏差，这儿的劳之，怕不是让人家去劳，而是自己去劳。至少龙炳垣先生也是这样理解的，要不就不会在这儿把"劳之"当作为官的一个优秀品质去要求了。劳之，就是勤于政事的意思。无倦，就是无论什么情况下，也不懈怠。较之通常的“劳之”，就更一层了。全句的意思，简略点说是，子路问该怎样从政，孔子说，起带头作用，亲自去做。又问，进一步呢？孔子说，什么时候都要精神抖擞。

“敏则有功”，见《论语·尧曰第二十》。全句为：“宽则得众，信则民任焉，敏则有功，公则说。”据杨伯峻先生说，“信则民任焉”为衍文。那么全句当是：“宽则得众，敏则有功，公则说。”杨先生的译文是：“宽厚就会得到群众的拥护，勤敏就会有功绩，公平就会使百姓高兴。”

以上是四个短语的出处与含义。龙先生的过人之处是，将这四点组合在一起，作为官员勤政的准则。依顺序便是：态度端正（敬事），勤勉（劳之），不懈怠（无倦），敏捷（敏）。最让我感兴趣的是，龙先生将落脚点放在“敏”字上。也就是说，不管你怎样敬事，怎样勤勉不倦，最后一定要有决断，办好事。细想想，还真是这么回事。就是不当官，只说做工作做学问，乃至过日子，不也应当这样吗？

爱　民

程明道先生作县，凡坐处皆书“视民如伤”四字。尝曰：“吾常愧此四字。”

先生为晋城令，凡与民相见，必教之以孝弟忠信。度乡村之远近，令联络为保伍，使患难相恤，故奸伪无所容。凡孤寡残疾者，令亲党赒之，使无失所。行旅出其途者，或有疾病，捐俸调治之。诸乡皆令设塾，暇时亲至其地，召诸生训诲之。塾中儿童所读书，皆为正句读。师苟不善，则易置之。其俗野陋，不知为学，择子弟之秀者为先生，使聚徒而教之。不几年，通经术，能文章者甚多。邑几万室，二年间无强盗及斗伤者。

张需佐勋州，州有水渠遏塞。近渠之田，废而不耕者数十年。需甫至任，太守偶言及此，需即背地自往看之。言于太守曰："倘得人若干，疏通三日即可成功。"太守讶以为妄。需请于守，聚人得其数，令各执器物，亲督其工，三日渠果通。太守大惊，以为神助。后为霸州太守，见民游食者多，每里置一簿，列其烟居，每居各报男女大小口数。出示晓谕，派其合种粟麦桑麻之数，与畜养鸡豚之数。稍暇即下乡，取其户簿验之，缺者有罚，盈者有赏。于是民皆勤力，无敢偷惰。三年之间，生息有法，邑滋富庶。两州之民皆祠祀焉。

孔子曰："君子学道则爱人。"二公会读此书，便做好官，立政爱民，教养得法。如此，彼尸位素餐与刻薄斯民者，岂独无人心乎？

如今读书人，朝也想做官，暮也想做官，一旦得官，却不知要做些甚事。尝见有等无耻的，刻薄下民，夤缘上司，以图升迁。有等贪冒的，草率视事，

以便民間。乃不愧做官。乃不愧讀書人做官也。

何夫國家養士數百年歲進數百輩只道讀書人定
然明道理會做官孰知天下之欺君害民者大半由

淫乐无度，冤屈人命，只是要钱。有等迂腐的，素餐尸位，强学宽容，任盗贼衙役，蠹害斯民，一概不问。有等狂妄的，好逞才华，日事诗酒，其于民间之事，毫不料理。有等欺诈的，甫下车，勤于折狱，延至数月，贿赂公行。至于重农桑之事，未尝做也；立学校之事，未尝做也；省刑罚，救灾荒之事，未尝做也；革刁风，察奸吏之事，未尝做也；清慎率属，勤访民隐之事，未尝做也：一切当做之事不曾做，而于一切不当做之事无不做。且援例捐职者如此做，固不足责，而读书成名者如此做，将如之何！夫国家养士数百年，岁进数百辈，只道读书人定然明道理，会做官，孰知天下之欺君害民者，大半由读书人做出！吾愿凡作官者，不务名利，一以“清、慎、勤”三字，日日思想，日日营为，务要做些兴利除弊之事，以便民间，乃不愧做官，乃不愧读书人做官也。

释义：

这两个故事，说的都是读书人做了官，该如何爱民，为老百姓办事。文义甚明，毋庸赘言。

程颐先生把“视民如伤”四字作为座右铭，且说，他常感到有愧这四个字。

这个四字句，可解释为，对待老百姓，就像对待自己身上的伤痛一样，也可以解释为对待老百姓就像对负伤的人一样。我觉得，还是后一种解释好些。也就是，对老百姓，要像对负伤的人那样精心呵护，多方调理。这是国家的福分。如此一来，国家就可以兴旺发达了。

需注意的是，文中有几处，在当时或许是平常词语，现在的人读起来，说不定会有歧义。比如第一个故事里，“皆为正句读”，“句读”的“读”，音 dòu，义为文章中的停顿。句，也是文章中的停顿，稍长些。现在语法中的句号，就是由此而来的。过去儿童读书，必须先懂得句读，句读错了，文义就不明或有歧义。所以程先生要求村塾里的儿童，一定要学会正确的句读。“邑几万室”句，不是说晋城一县，有几万户（室），而是说，这个县，将近一万户。若一户五人，也就是将近五万人的样子。

后一个故事里，“见民游食者多，每里置一簿，列其烟居”，其中的“里”字不是现在路程的长度单位，而是居民的一种组织，若干家是一里，相当于现在多少家是一个居民小组。烟居，准确的意思不好说，既是针对游民而言，想来是“住处”的意思。冒炊烟的居处，当然是定居之处了。

这一节里最该看重的是龙炳垣先生的评点。前后章节里，龙先生的评点，都言简意赅，略作提示即罢。全书中，只有这段评点文字最长，火气最大。看来龙先生把对当时吏治腐败的怒气，全发泄到这儿来了。一条一款，义正辞严，一词一句，掷地有声。历数当时官场腐败现象，竟跟现在毫无二致。可见腐败这种事儿，无师自通，一旦坏了心术，谁干起来都这么有声有色。发火是发火，心里再有气，有一点是清楚的，那就是对读书人当了官而不知体惜民众的，指责更重些。

怎么这么说呢？你看龙先生特别指出："援例捐职者如此做，固不足责。"意思是，捐职者，拿钱买下的官，原本跟做生意一样，将本求利，他们去贪去渎，不足为奇。可怕的是读书人，也这样昧于事理，贪渎成风而不知自重。听听龙先生发自肺腑的感叹吧："夫国家养士数百年，岁进数百辈，只道读书人定然明道理，会做官，孰知天下之欺君害民者，大半由读书人做出！"

这里说的"岁进数百辈"，当是泛指，意即，一年不过录用几百人。因为乡试和会试（殿试），每三年才举行一次，即使加上恩科，也到不了一年一次。秀才只是读书的种子，还不是做官的材料，不包括在这个数字里。

清　廉

杨震[①]迁东莱太守，道经昌邑，王密为昌邑令，系震所举，夜半怀黄金八镒以遗震，震却之。密曰："暮夜无人知者。"震曰：

孔子曰。君子喻於義。小人喻於利。孟子曰。伯夷聖之清者也。曾子曰。十目所視。十手所指。其嚴乎。楊公會讀此書。做清白吏以遺子孫。何其善也。

“天知、地知、子知、我知，何谓无知？”密愧而去。震性公廉，子孙常蔬食步行。故旧或劝其买产，震却之曰：“使后世称为清白吏子孙，以此遗之，不亦可乎！”

孔子曰：“君子喻于义，小人喻于利。”孟子曰：“伯夷圣之清者也。”曾子曰：“十目所视，十手所指，其严乎？”杨公会读此书，做清白吏以遗子孙，何其善也。

简注：

①杨震（？—124）：字伯起，东汉弘农华阴（今属陕西）人。出身名门，设帐授经。五十岁以后出仕，曾任刺史、太守。累官至太尉。为官清廉，始终以“清白吏”为座右铭。

释义：

杨震的故事，史称“暮夜却金”。文中的镒，是古代的重量单位，合二十两，一说二十四两。这里的两，是指十六两为一斤的两。合现在的重量，为一斤二两半。八镒就是整整十斤，就是黄铜，也是个大数目。王密对他的这位举荐人,真可说是够意思的了。杨震不收，却不是峻拒，而是就着对方的理由，往前延伸了一步。你不是说没人知道吗？可是，上有天，下有地，还有你，还有我，怎么能说是没人知道？古代人们是把天与地，都人格化了的。天地都在睁着眼睛，看着人间的万事万物。不管是什么事理，能用聪明的话语说出来，总是让人敬重的。想杨震先生说这话时，定然是笑眯眯的。若当场脸一翻，厉声呵斥，也就不会留下这么美好的故事了。那样做，不能说不对，只可说是矫情，不近人情。

这件事情同时告诉我们，做事一定要体谅对方的心境。十恶不赦的事，定要严厉对待，一时做错了的事，要好言相劝。如果杨震先生不是这样，而是恶语相加，甚至上报有司，那就不是与人为善的做法了。有时候，不近人情，即使是对的，也让人厌恶。

该细细体味的是后半段的事。

杨震先生这样清廉，家境不会很富裕。子孙常食蔬菜，步行，意即买不起肉，置不起车。老朋友劝他置点产业，让子孙过上好日子。杨先生不以为然，说："让后世说他们是清白吏的子孙，用这个遗留给他们，不就行了吗？"这话真是金玉良言，掷地有声。读书人当了官的，都应当有杨震先生这样的境界。

这样说，并不是说凡清白吏的子孙，家境必然清苦，更不是说，其后人还要这样清苦下去。苦不苦，与做官清白不清白的关系不是很大。若真是做了清白吏，就世世受穷，怕不会有人去做官的。关键在于，你是怎样得到的钱财。君子爱财，取之有道，把这个道理说透了。像这样半夜送来的钱财，肯定不是“有道”，是断断不能“取”的。其实，人生在世，不该做的，何止是这样一宗事。凡是问心有愧的事，都应当想到，就是没有那个人，也会天知，地知，你自己知。知了，能不愧疚终生吗？

君子喻于义，小人喻于利。君子与小人的区别，就在一个重义，一个重利。明于义，就是知廉耻，明于利，就是单知钱财，而不知廉耻。

虚　怀

李昉[①]为相，每见客，必问三事：民间有何疾苦，为政有何良法，时事有何阙失。故称为一时名相。

紫微舍人高仲舒[②]，博通典籍；齐浣[③]，练习时务。姚崇[④]、宋璟[⑤]为相，每坐二人以质所疑，既而叹曰：**“欲知古，问高君；欲知今，问齐君：可以无阙政矣。”**

于忠肃公[⑥]，巡抚山西河南二省，单骑到任，乃立二木榜于院门，一书愿悉民隐，一书愿闻利弊。二省耆老来见者，公皆和颜悦色，开诚下问，故风俗民隐，无不周悉焉。

孔子曰："舜好问而好察迩言。"又曰："不耻下问。"诸公会读此书，虚怀下问，安得不做好官。

简注：

①李昉（925—996）：字明远，深州饶阳（今河北饶阳）人，宋代著名学者。太宗时任参知政事、平章事。

②高仲舒：生卒年不详。唐雍州万年（今属陕西）人。唐初学者，通训诂学，擢明经。

③齐浣（675—746）：唐代定州义丰（今河北安国）人。开元间，官至中书舍人，十四年自汴州刺史拜尚书右丞，转吏部侍郎，卒于平阳太守任上。

④姚崇（650—721）：陕州硖石（今属河南）人，大器晚成，历任武则天、唐睿宗、唐玄宗三朝宰相。

⑤宋璟（663—737）：邢州南和（今属河北）人，少年博学多才，擅长文学，弱冠中进士。开元四年冬继姚崇居相位，与姚崇同为"开元盛世"的首功之臣。

⑥于忠肃公（1398—1457）：名谦，字廷益，号节庵。明代浙江钱塘人。永乐

爲相每坐二人以質所疑既而歎曰欲知古問高君欲
知今問齊君可以無闕政矣

十九年进士。土木之变后，有拥立之功。天顺元年以“谋逆”罪被冤杀。弘治谥肃愍，万历改谥忠肃。

释义：

当官的应当虚怀若谷，倾听下属和民众的意见，这本是常识常理，而事实上不是这样。好些人，一当了官，就觉得自己无所不知，无所不能，颐指气使，一言九鼎，谁也不能拂他的意。拂了，轻则冷眼相待，恶语相加，重则罗织罪名，刑狱伺候。吏治就是这样搞坏的，社会秩序就是这样搞乱的。看看李昉、姚崇、宋璟、于谦诸位先生是怎么做的，能不感到羞愧？李、姚、宋三位，都是当过宰相的人，可说一人之下，万人之上，尚具如此虚怀纳言，一个小小的州县吏，怎能高高在上，独断专行？

于谦先生的做法，最值得效仿。上任之时，单骑而往，既不惊扰市面，又能踏勘实情，可说一到任就进入了角色。到任之后，也是首先倾听民众的意见。立二木榜于院内，等于是设置了两个“意见箱”。一个的作用是“悉民隐”，也就是了解民间疾苦；一个的作用是“闻利弊”，也就是政务改革，哪些弊政该除，哪些德政该兴。有这么一番扎实功夫，这个地方能不能治理好，还用问吗？

“舜好问以好察迩言”，《中庸》里的全句是：“子曰：舜其大知也与！舜好问而好察迩言，隐恶而扬善。执其两端，用其中于民。其斯以为舜乎！”

“好问”与“好察迩言”间的“以”字，是连词，表示递进关系，相当于“而且”。

这样，全句的意思是说，舜这个人，是有大智慧的。常能不耻下问，而且问过之后，对那些浅近的话，都能细细掂量。别人的缺点，不说，别人的优点，一定要宣扬。各种意见，一定要取最为妥当的，用之于民，这就是他能成为舜的道理。

“执其两端，用其中于民”，这一点极为重要。许多官吏，要么为严刑峻法，要么无所作为，执其两端，而不能取中，想要治理好地方，无异于缘木求鱼。

谏 诤

汲黯[①]，汉景帝时为太子洗马，以严见惮。武帝即位，召为主爵都尉。上方招文学儒者，问黯曰：“吾欲云云。”黯对曰：“陛下内多欲而外施仁义，奈何欲效唐虞之治乎？”上怒，变色而罢朝。公卿皆为黯惧。上退，谓人曰：“甚矣，汲黯之憨也！”群臣或数黯，黯曰：**“天子置公卿辅弼之臣，宁令从谀承意，陷主于不义乎？且已在其位，纵爱身，奈辱朝廷何？”**

朱文公三次见孝宗，语毕，出奏劄，极论内侍甘昇挟势为奸之罪。又言宰相先布私恩于台谏，台谏顾私恩，莫肯言其过，而主将恣刻剥，为苞苴，升转皆有成价。上惊曰：“却不闻此。”是行也，有戒以正心诚意，上所厌闻者。先生曰：“吾戇也。羣臣或數黯。黯曰。天子置公卿輔弼之臣。寧令從諛承意。陷主於不義乎。且已在其位。縱愛身。柰辱朝廷何。

平生所学，惟此四字，岂敢回互以欺吾君。”及奏上，未尝不称善。

《书》曰：“惟木从绳则正，后从谏则圣。”孔子谓子路曰：“勿欺也，而犯之。”二公直谏而不欺也，是诚会读书做大臣者矣。

简注：

①汲黯（？—前 112）：字长孺，河南濮阳人。西汉初年名臣。出身名门，七世为卿大夫。景帝时为太子洗马。武帝即位后为谒者，并先后任荥阳令、东海太守、主爵都尉，位列九卿。

释义：

汲黯先生这件事，最能见出谏诤的可贵。不计荣辱，不计进退，觉得是对的，就照直说了出来。汉武帝也是个有大作为的皇上，大概是觉得自己文治武功，都有可夸耀的地方，想叫个作家，给自己写篇吹捧的文章，刚一开口，汲黯先生就看出了他的用心。当即说道：“皇上啊，你这个人内心多贪欲，只是表面上施行仁义，怎么就想得到上古时代唐尧虞舜治理天下的声誉呢？”皇上一听就火了，当即罢朝。回去对身边的人说：“太过分了，汲黯是个傻蛋！”皇上一去，大臣中有的人不免责怪汲先生说话太鲁莽。汲先生说：“皇上设置公卿这些大官，原是要辅佐皇上，治理好天下的，怎么能只是一味地阿谀奉承，陷皇上于不仁不义呢？况且我既在这个位置上，纵使爱惜自己，也不能玷辱朝廷的名声啊！”

朱熹先生进谏孝宗的札子，说的件件都是实事，有的指名道姓，有的指明官职，一看就知道是谁。主将虽不会只有一个,也不会多到谁也感觉不到。较之汲黯先生只从道德上指责，更为难能可贵。这些事，过去有，现在也不是说无。现在没有宦官了，并不等于没有甘昇这样的宵小之徒“挟势为奸”。当宰相的，先用私恩买通台谏，就是监察官员，自然就没人在皇上跟前说他的坏话了。主将做事，更是可恶，大胆妄为，还收受贿赂，升官还是转任，都有规定的价格。这跟现在的行贿索贿，跑官买官，还不是一样的吗？宋孝宗的表现，比汉武帝要憨厚些，不知是装糊涂，还是真的不知情，只说:“没听说啊。”

该留意的是，两人做这些事时跟前人的反应。汲黯先生的谏诤，事起仓促，皇上正要召见文学儒者，或者文学儒者刚到，才说了个“我要怎样”，意思还没有说全，汲先生就看出皇上的用心，说了自己的看法。跟前的人，只能是事后的反应。文中说，皇上脸色一变罢了朝会，“公卿皆为黯惧”，就是都为汲先生捏着一把汗。及至皇上退下去之后，说了那么一句话，公卿们就不再是捏一把汗，有的就责怪起汲先生了。如果说，那些只是捏一把汗的人，还是替同僚担心，那些责怪汲先生的人，就只是看皇上的脸色行事了。

朱熹先生的事，有所不同。劝他的人，知道他老先生的脾气，去见皇上，一定会披肝沥胆，有什么说什么。因此行前就对他说，你这一次去见皇上啊，一定要像你平日标榜的那样，正心诚意，不要说皇上不喜欢听的话。朋友的话，当然是好意。问题在于，如果朱熹先生听了这样的劝告，只是说些冠冕堂皇的话，他还是朱熹吗，还有后来那样的声誉吗？

这两件事告诉我们，同僚的感受，不是不可考虑，朋友的话，不是不可听从，但要看在什么场合，在什么事情上。小事上可以将就，可以屈从，大事上，还是要有自己的主心骨。如果一件事，关乎到个人名节，进而关乎国家的兴亡，那就要当仁不让，一吐为快。

文中引用孔子的话，“勿欺也，而犯之”，在《论语·宪问第十四》中前面有“子路问事君”一语。这样，就明白这句话是什么意思了。子路是孔子的学生，要去别的国家当官，问老师该怎样事奉君主，孔子给他说这么一句话。说白了就是：不要欺骗他，可以触犯他。触犯在这里有劝谏、纠正的意思。我倒是觉得，这一条，可以作为下级与上级相处的一个原则。可惜也可悲的是，现在的上级多不认同这一套。为什么呢，过去上级与下级，只要是个读书人，少小的时候，都读《论语》。

这样，待到长大成人，进入社会，不管处于什么地位，都有了一个共同的道德标准、是非标准。你可以不这样做，却不能说这样做是不对的。现今之世，没有这样的早期教育，一切所谓有的规则，常是互相抵牾，比如一面说要互相监督，一面说下级服从上级，到底该怎么办，十个人倒有八种理解。于是像“勿欺也，而犯之”这样高尚的道德准则，便有点像早春的草色，远看葱茏一片，近看却什么也没有。也就难怪官场没了规矩，少了廉耻。

袁盎[①]，汉文帝时为中郎将，上所幸慎夫人，在禁中常与皇后同席坐。及幸上林，布席，盎引，却慎夫人坐。夫人怒，上亦怒。盎因前说曰："臣闻尊卑有序，则上下和。今已立后，夫人乃妾耳，岂可同坐？且陛下独不见人彘乎？"上悦，乃召语慎夫人，夫人赐盎金五十斤。

孔子曰："惟女子与小人为难养也。近之则不逊，远之则怨。"**袁盎会读此书，挺身直谏，其所关系者大矣。**

简注：

①袁盎（？—前148）：字丝，西汉楚人。个性刚烈，有才干，时人称为“国士无双”。文帝时因数

則怨。袁盎會讀此書挺身直諫其所關係者大矣。

次直谏，触犯皇帝，被调任陇西都尉，后又迁为吴相。七国之乱后，封为太常。

释文：

袁盎先生的胆子，真是够大的。慎夫人是皇上宠爱的嫔妃，在宫中，常与皇后同席而坐，可见地位的尊贵。宫中坐坐，外人不见，袁盎先生就是知道了，也不好说什么。到了上林苑，可就不同了，大臣们会看见的。恰好轮着袁盎先生安排座位，就没有给慎夫人安排同席的座位。慎夫人不高兴，皇上也不高兴。注意一下当时的情景："及幸上林，布席，盎引，却慎夫人坐。"幸，是皇上做事的专用词，这儿就是，文帝与皇后、慎夫人一起走过来了，袁盎给皇上和皇后都安排了座位，唯独"却"了慎夫人。也就难怪"夫人怒，上亦怒"。夫人怒没有什么，可怕的是文帝也怒了。

于是袁盎先生便上前说了那样一番话。前面几句没什么。后面一句是很重要的："独不见人彘乎？"这是个典故。刘邦有个宠姬叫戚夫人，儿子如意，曾封为赵王。刘邦想立如意为太子，几次都没闹成。刘邦死后，吕后的儿子刘盈当了皇上，吕后做的头一件事便是整戚夫人。派人砍去戚夫人的四肢，剜了眼睛，熏聋耳朵，弄哑喉咙，扔在厕所里，叫做人彘，就是人猪。"独不见人彘乎"，就是让皇上和慎夫人，都想想戚夫人的命运，皇上一听，可不是这么个理嘛。给慎夫人一说，也惊醒过来。

这个故事，选自《史记·袁盎晁错列传》。传中，袁盎还干过一件谏诤的事，也与坐座位有关。不妨说一下。文帝喜爱的一个宦官叫赵同，有次外出，赵同就坐在文帝的车上。袁盎见了，上前跪下说："臣闻天子所与共六尺舆者，皆天下豪英，今汉虽乏人，陛下独奈何与刀锯余人载！"于是皇上笑了，让赵同下去。

袁盎这两件事里，该称道的还有汉文帝这个人。遇上个不晓事，刚愎自用的皇上，这两件事中的任何一件事，都可以让袁先生吃不了兜着走，轻则申斥，重则见黜。汉文帝不愧谥为"文"，脾气好，又能听从谏言。前一事是"悦"，脸上马上就高兴了。叫来慎夫人，讲明道理。这位慎夫人，也是个聪明女子，一听就明白，还奖赏了袁先生。后一事的处理，就更轻松了，也是一笑，当即叫赵同下去。

于此可知，对于位尊权重者来说，常笑笑，或许是处理问题的最好的办法。就是我们普通人，也是这样。做生意的人是"和气生财"，结下怨恨的，相逢一笑，也就消泯了。苏东坡词："谈笑间强虏灰飞烟灭。"是打仗的最高境界，又何尝不是为人行事的最高境界？

韩休[①]为人峭直，不干乐利，萧嵩[②]荐之。及与共事，守正不阿。嵩渐恶之。宋璟叹曰："不意韩休乃能如是。"上或宴乐游猎，小有过差，辄问左右曰："韩休知否？"言终，谏疏已至。左右曰："韩休为相，陛下殊殊，何不逐之。"上叹曰："吾

左右曰韓休爲相陛下殊殊何不逐之上歎曰吾貌雖
瘦天下必肥蕭嵩奏事常順旨既退吾寢不安休常力
爭既退吾寢乃安吾用休爲社稷非爲身也。

貌虽瘦，天下必肥，萧嵩奏事，常顺旨，既退，吾寝不安。休常力争，既退，吾寝乃安。吾用休，为社稷，非为身也。”

孔子曰：“君子和而不同。”萧嵩始以休为恬和易制，引之同事，乃守正不阿，随事直谏，休真会读书而做不同之君子欤！

简注：

①韩休（673—739）：唐朝大臣。字良士，京兆长安（今陕西西安）人。开元二十一年，拜黄门侍郎、同中书门下平章事。既为相，犯言直谏，宋璟誉之为“仁者之勇”。

②萧嵩（668—749）：唐朝丞相、军事家。兰陵（今属山东）人。唐玄宗开元十六年拜相，开元十七年晋封徐国公。开元二十四年加拜太子大师。

释义：

韩休先生的故事，没有什么奇特之处。只能说正直、勤勉，还得加上及时。你看，皇上刚干了错事，担心韩先生知道了，不旋踵间，韩先生的谏诤报告，已经打上来了。这也就是前面龙炳垣先生总结的为官的四个准则之一的“敏”,或者说是“敏于任事”。

要值得注意的是萧嵩先生的表现，还有皇上先生的表现。

先说萧嵩先生。萧先生生于公元668年，韩先生生于公元673年，萧比韩大五岁。萧拜相在开元十六年，韩拜相在开元二十一年，比韩也早五年。从文中知，萧曾举荐过韩。从年纪上说，极有可能是推荐韩继他之后担任宰相，即“同中书门下平章事”这个官儿。举荐的时候,当然是觉得这个人不错，当了宰相后会关照自己。料不到的是，韩这个人太正直，不光不报恩，说不定还做过让萧老先生不愉快的事儿，这一来，萧老先生就厌恶起来了。难怪宋璟先生要赞许说 :“没想到韩休会这样！”

现在我们要说的是，萧老先生这种态度，合算不合算。我觉得，在这上头，萧老先生的算盘打错了。韩先生只是正直了些，并未做什么出格的事。萧老先生有点不愉快，忍一忍就过去了,甚至不妨赞美两声。这样一来,举贤的功德保住了,且落个胸襟开阔的美名。不会过了一千多年，龙炳垣先生编这本书，还拿来做气量狭小的例子。人生不是算账，但有的账还是可以算一算的。算账的最简单办法，就是两害相权取其轻，两利相权取其重。孰轻孰重，不用取秤来称，心里掂量一下就行了。

再说这位皇上先生。从注里看，必是玄宗李隆基先生无疑。就是那个跟杨贵妃爱得一塌糊涂的风流天子。不知为什么，对这位风流皇上，我总也恨不起来。不光是我，据我所知，好多人都恨不起来。有的皇帝一风流，弄得民怨沸腾，天昏地暗。玄宗先生虽说也惹下了大乱子，但人们总觉得责任不在他，而是安禄山这小子太坏了。除过这一点，他治下的那些年，史称“开元盛世”,可见还是个有作为的皇上,想办好事的皇上。这从书中引用的那句话，也能看得出来。“吾貌虽瘦，天下必肥……吾用休，为社稷，非为身也。”这话不光意思好，还能见出智慧。看过玄宗先生的画像，肥嘟嘟的，也还英俊。我想，后世的画家定然没有读过这段文字。若读过，就不会那样画了。应当画成一幅清癯的样子。杨玉环胖点，他瘦点，这才般配。玄宗先生是皇上，想来绝不至于因为怕韩休先生找茬儿，就吃不下饭，睡不着觉，把脸都熬成细长条了。再说，他明明说了，用了韩休之后，他睡得更安稳了。可见他天生就是一副清瘦的面容。自己原本就瘦，脱口就能来一句“吾貌虽瘦，天下必肥”，一听就是个捷智的聪明人。当领导的，当长辈的，该学会这一手。不管实际的效果如何，至少会让部下、孩子，觉得你是个聪明人。

李沆[1]为相，王旦参知政事，以西北用兵，或至旰食。旦叹曰：“我辈安能坐致太平，得优游无事耶。”沆曰：“少有忧勤警戒，大是幸事。他日四方宁谧，朝廷未必肯安静无事。语曰：‘外宁必有内忧。’譬人身，现有疾病，则知谨慎防患。

沆死，子必为相，遽与契丹、西夏和亲，一朝疆场无事，恐人主渐生侈心，忧方大耳。”旦未以为然，沆又曰:“取四方水旱盗贼之事及不孝恶逆等件奏闻。”上为之变色，惨然不悦。旦以为细事不足烦上听，且丞相不宜屡奏不美之事拂上意。沆曰：“**人主少年，当使知四方艰难，常怀忧惧，不然血方气刚，不留意声色狗马，则土木甲兵、祷祠之事作矣。吾老，不及见，参政他日之忧也。**”沆没后，真宗以契丹既灭，西夏纳款，遂封岱祠汾，大营宫殿，搜讲坠典，靡有暇日。旦亲见王钦若[②]、丁谓[③]等所为，欲谏则业已闲之，欲去则上遇之厚，乃知沆先见之远，叹曰：“李文靖真圣人也。”

《易》曰:“安不忘危，治不忘乱。”孔子曰：“忠焉，能勿诲乎？”李公会读此书，体而行之，做成贤相，罕有其匹，至如王文正公，犹不会读，惜哉！

美之事拂上意。沆曰。人主少年當使知四方艱難。常懷
憂懼。不然血氣方剛。不留意聲色狗馬。則土木甲兵禱
祠之事作矣。吾老不及見。參政他日之憂也。沆没後。眞

简注：

①李沆（947—1004）：字太初，宋代洺州肥乡（今属河北）人。淳化三年，拜给事中、参知政事。真宗咸平初年，自户部侍郎、参知政事拜中书门下平章事。景德元年卒，谥文靖。

②王钦若（962—1025）：字定国，北宋临江军新喻（今属江西）人。真宗咸平四年任参知政事。后擢为枢密使、同中书门下平章事。状貌短小，颈有疣，时人称为瘿相。为人奸邪险伪，善迎合帝意。与丁谓、林特、陈彭年、刘承规相交结，世人谓之五鬼。

③丁谓（966—1037）：字谓之，后更字公言，苏州长洲县（今江苏苏州）人。宋真宗大中祥符五年至九年任参知政事，天禧三年至乾兴元年再任参知政事、枢密使、同中书门下平章事，前后共在相位七年。

释义：

李沆先生这个人，真是了不起。什么叫胸有城府，这就是；什么叫远见卓识，这就是。这样的人，当宰相，天下太平，当家长，一家平安。与他相对应的王旦先生，当时是副宰相（参知政事），后来也当了宰相（同中书门下平章事），见识胸襟，跟他一比就差了许多。

看看他做的事吧。当时朝廷正用兵西北，即跟契丹有战事。皇上宵衣旰食，忙得不可开交。王旦看了心疼也有点心愧，觉得做宰相的没有尽到责任，说："我辈怎么能让天下太平，让皇上优游无事呢。”李沆先生听了，不以为然，说：“有点边患，让皇上忧虑勤勉，知有所警戒，不是坏事，而是大大的好事。以后四方安宁，朝廷未必肯安静无事。古人说：外宁必有内忧。譬如人身，有了疾病，就知道谨慎防患。我死了，你定会接着做宰相，很快会与契丹、西夏和亲。一旦疆场上没事了，恐怕皇上会渐生奢侈之心，那个时候忧患可就大了。”李沆还怕光有西北边防上的战事占不住皇上的心，过了些日子，又选取国内水旱盗贼之事，还有不孝忤逆等事件，奏给皇上知道。皇上一看，脸都变了，心理负担很重。王旦先生觉得，宰相不应当接连上奏这些不好的事，让皇上不高兴。李沆先生又说了：“皇上年少，应当让他知道四方艰难，常怀忧惧之心，不然，一个血气方刚的年轻人，不迷恋声色犬马，就会做些土木、甲兵、祷祠一类的事。我老了，见不着了，以后你定会为此事犯愁的。”后来的事情，果然一件一件，都按照李沆先生的预言来了。契丹灭了，西夏纳款了，真宗果然又是封泰山，又是祠汾河，还大建宫殿，搜集逸亡的典籍，没有一天闲着。王钦若、丁谓几个人，更是曲意逢迎，火上浇油。待到实在看不下去了，王旦先生想进谏了，皇上早把他晾在一边了。想离去，又觉得皇上对自己够好的，不忍心，只好就这么将就下去。直到这时，才知道李沆先生见识的长远。这个事例，对我们平常人，也有借鉴的意义。不说别人，就说我吧，一辈子这事那事，总跟尾巴似的跟着，但也正因为有这事那事跟着，让我时时有戒惧之心，自励之心。总得不断地努力，不断地进取，才能消除或减轻这些人生的磨难。不知不觉间，也就取得些微的成就。换句话说，若没有这些磨难，一出学校门，就过上一种平安的生活，也就不会是现在的我了。“生于忧患，死于安乐”，对国家，对个人都是一个理儿。

还得多说两句，要不有误导之嫌。人生有些磨难是好事，但这磨难须有个度。磨难是不可预料的，其结果常是诡谲多变。如果有人说，给你个磨难，过后保证让你殊荣加身，平步青云，这磨难就不是磨难，而是从天而降的大馅饼了。真的来了个磨难，让你家破人亡，小命难保，那不叫磨难，而是灭顶之灾。那么这磨难的度该是什么呢？我的看法是，多少还有点诗意，让你豪情未泯。若全无诗意可言，全无豪情可抒，就得赶紧寻求全身之策。命留下来了，才能说别的。磨难既然不知其所由，又不知其所终，最好还是无灾无难，平安成长。虽是平安成长，心里也要长存忧患意识，这就行了。

谏诤是做官的一个重要责任，龙炳垣先生心里清楚，故而不惜篇幅，多多举例，多多譬解。但我仍觉得，百虑一失，龙先生仍有疏忽之处。这就是，过多地强调了谏诤者的忠诚和得到的正面效果，而没有指出，任何时代，忠诚的谏诤，都有可能得到负面的效果。道理至为明显，若谏诤也像拍马屁一样万无一失（拍在马蹄子上惹祸，原本就不应当记在拍马屁的账上），那还叫谏诤吗？有鉴于此，这里不妨为龙先生补一个因谏诤而罹难的例子。

前不久读王春瑜先生的一本书（《王春瑜说明史》），其中说到著名的“六君子”一案。事在明熹宗天启年间。涉案的六人，分别为副都御史杨涟、都御史左光斗、给事中魏大中、御史袁化中、太仆寺少卿周朝瑞、陕西副史顾大章。六人中，从官名上看，三人是御史，为首的也是御史。而御史这个官职，负有监督之责，从某种意义上，也可以说负有谏诤之责。这一案子的主使者是魏忠贤，出事就出在杨涟、左光斗这些御史先生，不光不投靠这个奸人，还要不时地上疏进谏，要求严惩魏逆。结果呢，兴了大狱，六人全逮了进去，不几天功夫就死于酷刑。谏诤就要有这种精神，赴汤蹈火，万死不辞。

刑罚

张释之[①]为廷尉，上行，出中渭桥，有一人从桥下走，乘舆马惊，捕属廷尉。释之奏：“犯跸，当罚金。”上怒，释之曰：**“法者天子所与天下公共也。今法如是，更重之，是法不信于民也。”**上曰：“廷尉当是也。”其后有人盗高帝庙坐前玉环，得下廷尉治。释之奏当弃市。上大怒曰：“人无道，盗先帝器，吾欲致之族，而君以法奏之，非吾所以共承宗庙意也。”释之谢曰：“法如是足矣。今盗宗庙器而族之，假令愚民取长陵一抔土，陛下且何以加其法乎？”帝许之。

《书》曰：“惟明克允。”又曰：“故乃明于刑之中，率乂于民棐彝。”张廷尉会读此书，廷争得失，亦能做刑官者也。

馬驚捕屬廷尉。釋之奏犯蹕。當罰金。上怒。釋之曰。法者天子所與天下公共也。今法如是。更重之。是法不信於民也。上曰。廷尉當是也。其後有人盜高帝廟坐前玉環。

简注：

①张释之：生卒年不详。字季，西汉南阳堵阳（今河南方城东）人。历任谒者仆射、公车令、中大夫、中郎将等职。文帝三年，升任廷尉。景帝立，出为淮南相。

释义：

张释之先生这件事，说白了就是依法办案。这话，说起来容易，做起来难。人情、世故、权势，都会对执法造成干扰，更别说执法者本身的毛病了。张释之先生面对的，不是什么朋友的请托，亲人的央告，而是皇上的直接干预。第一件实在不大，要是给了现在，连犯法都说不上。但在汉代，确实是个事儿。原因是皇帝出行，都要清道，这个人不知在桥下做什么，没有叫“清”了，正好皇上的车驾过来，惊了皇上的马，当然算犯罪了。罪名叫“犯跸”，即冒犯了皇上的车驾。以汉代的法律，罚点钱而已。皇上不高兴，张先生解释说：“法这个东西，既已定下后，就是让皇上和天下人共同遵守的。这件事儿，法就是这么定的，你要加重处罚，法律不能取信于民，往后谁还会遵法守纪呢？”皇上觉得他说的有道理，没再追究下去。

第二件，是有人偷了高帝庙里座位前的玉环。逮住了，以律当“弃市”，就是斩首之后，将尸体扔在大街上任人观看。按说够重了，不料皇上还是大怒，说：“民人无道，竟敢盗先帝的祭器，我想判他灭族之罪，而你却死搬法律条文，不知变通，这怎么能体现我尊重祖先、承绪大统的诚意呢？”这次张先生没有讲什么法乃君民共同遵守的大道理，他知道，皇上在气头上，就是要撇开法律，一意孤行。顶撞吗？更不行。

张先生的聪明之处在于，脑筋一转，想了个比较的办法，或者说是推极法——推到极致，其荒谬就明显了。一个是座前玉环，一个是长陵一抔土。都与汉高祖刘邦有关，高帝庙是刘邦的祭礼之所，长陵是葬身之地。还得厘清一下，要不会有歧义。一抔土，就是一掬土，怎么能说一掬土比一件玉器还重要呢？这是一种婉转的说法，取长陵一抔土，说的是盗掘长陵，当然罪行就大多了。质问的意思很明显，等于说，这个人偷了高帝庙里一件玉环，你要将他一族人全杀了，要是有人盗掘长陵，将高帝的尸骨抛散在野地里，该判什么刑呢？皇上一听，无话可说，只有同意。

这件事告诉我们，你要严正执法，总有理由驳倒对方，你要坏了心术，曲意逢迎，甚至贪赃枉法，也总有理由可找。

不在外界的压力多大，而在你的主意真不真；不在人家怎么诱惑，而在你的品质好不好。

点评中，引自《尚书》的两句话，意思难懂，不妨稍加诠释。

“惟明克允”，《尚书·舜典》尚书中的全句是：“帝曰：皋陶，蛮夷猾夏，寇贼奸宄。汝作士，五刑有服，五服三就。五流有宅，五宅三居。惟明克允！”皋陶是舜任命的法官。这是舜对皋陶的训诫，同时说了具体的处罚办法，便下面的四个“五”。《尚书正义》里的解释是：五刑，乃墨、劓、剕、宫、大辟。服者，从也。“既从五刑，谓服罪也。行刑当就三处，大罪于原野，大夫于朝，士于市。不忍加刑，则流放之，若四凶者，五刑之流，各有所居，五居之差，有三等之居，大罪四裔，次之九州之外，次千里之外”。这样“惟明克允”的意思就明晰了。总之是，只有明察事物，才能公正地对待事物，令人信服。

再说“乃明于刑之中，率乂于民棐彝”。《尚书》中的全句是：“穆穆在上，明明在下，灼于四方，罔不惟德之勤……故乃明于刑之中，率乂于民棐彝。”《尚书正义》的《疏》里是这样说的：“穆穆，敬也。明明重明，则穆穆重敬。当敬天敬民在于上位也。明明在下，则是臣事。知是‘三后之徒秉明德明君道于下’也。彰著于四方。四方皆法效之，故天下之士无不惟德之勤。”《正义》里是这样说的：“刑者所以助教而不可专用，非是身有明德则不能用刑。以天下之大，万方之众，必当尽能用刑，天下乃治。此美尧能使‘天下皆勤立德，故乃能明于用刑之中正’。言天下皆能用刑，尽得中正，循治民之道以治于民，辅成常教。

伯夷所典之礼，是常行之教也。”乂，与乂同音。棐彝，辅成教化之谓。

狄仁杰为豫州刺史时，越王[1]兵败，其党二千人皆论死。仁杰释其械，密疏曰：“臣欲有所陈，似为逆人伸理，不言，则累陛下钦恤意，惟陛下哀怜之。”诏下，悉改戍边。囚出宁州，父老语曰：“汝辈得生，皆狄使君之力也。”父老为公立碑，诸囚在下拜三日，乃去。

《书》曰：“钦哉钦哉，惟刑之恤哉。”狄公会读此书，敢谏人主做恤刑之事，其德远矣。

简注：

①越王：名贞。唐太宗第八子。贞观五年，封汉王。十年，改封原王，寻徙封越王，拜扬州都督。后历任相州刺史、安州都督。武则天临朝，加太子太傅，除蔡州刺史。随后与韩王元嘉、鲁王灵夔等李姓王起兵反叛，为武则天派兵讨平，与子李冲俱被斩首。

書曰。欽哉欽哉。惟刑之恤哉。狄公會讀此書。敢諫人主做恤刑之事其德遠矣

释义：

龙炳垣先生编撰此书，用意颇深。即如这一节，名为“刑罚”，主要意思当然是劝告读书人，当了官之后，要祛除私念，严正执法。同时又考虑到，有些书呆子只知墨守成法，不知变通，一意严刑峻法，必然会祸及无辜，甚至滥杀无辜。于是在张释之公正执法的事例之后，又选了狄仁杰法外施恩的例子。

越王起兵，不管理由多么堂皇，都是反叛朝廷，依法当斩，他手下的人员，想来还有兵士，受其株连，依法也是死罪。起兵的地点在蔡州，离豫州不远，处死的责任就落在豫州刺史狄仁杰的身上了。按说执行就是了，可仁杰先生一想，两千人呀，哪能全都是越王的死党，不过是受其蛊惑，受其裹挟罢了。朝廷命令已下，怎么办呢？仁杰先生不愧是一代名臣，一边给这些罪犯去了刑械，一边写了封密疏上报朝廷。这样的信，写得好了，能办成事，稍有闪失，就会落个同情逆犯，对抗朝廷的罪名。

你看他多么会说。先说：“要说的这件事，看着像是为逆犯说话。”等于是先把罪名揽下。话头一转，又说：“这么大的罪名，按理我是不敢说的，可是不说呢，就会有损陛下向来关爱百姓的美意。还请陛下哀怜他们吧。”皇帝下诏，全都改为远戍边疆。一封密疏，救了两千人的性命。既是为百姓，也是为朝廷，这才是真正会使用刑罚的好官吏。

有这样的功德，难怪龙先生要引用《尚书》上的话说：

钦佩啊钦佩啊，能在用刑上体恤才是真正的体恤啊！

大　节

文信国[①]被执，张宏范[②]等送至燕京，馆人供帐甚盛。公不寝处，坐达旦。元丞相孛罗[③]召见于密枢院，公入，长揖；欲令跪，公不屈，仰首言曰："天下事，有兴有废，自古帝王以及将相，灭亡诛戮，何代无之。天祥今日终于宋氏，以至于此，愿早死耳。"孛罗曰："汝谓有兴有废，且问盘古至今，几帝几王，一一为我言之。"公曰："一部十七史从何处说起。吾今非应博学宏词，何暇泛论。"孛罗徐曰："汝立二王，做得甚事？"公曰："国家不幸丧亡，立君以存宗庙。存一日，则尽臣子一日之责。人臣事君，如子事父母，父母有疾，虽甚不可为，岂有不下药之理，尽吾心焉。不可为，则天命也。今日天祥至此，有死而已，何必多言？"因囚之于狱。公在狱三年，元世祖求南人有才者甚急，王积翁[④]荐之，帝即遣积翁谕旨欲用之。公曰："国亡，吾分死耳，倘缘宽假，得以黄冠归故乡，他日以方外备顾问可也；若遽官之，非直亡国之大夫，不可与图存，举其生平而尽弃之，将焉用我。"积翁欲令宋官谢昌言等十人，请释为道士。留梦炎[⑤]不可，曰："天祥出，复号江南，置吾十人于何地？"事遂寝。帝知其不可屈，议将释之。未几，中山狂人，自称宋主，有数千人，欲取文丞相。

曰孔曰成仁孟曰取義惟其義盡所以仁至讀聖賢書
所學何事而今而後庶幾無愧數日妻歐陽氏收其屍

帝乃召公入，谕之曰：“汝何愿？”公曰：“吾受宋恩为宰相，安事二姓？愿赐一死足矣。”帝犹不忍，遽麾之使退。左右力赞，乃杀之。公临刑，殊从容，谓吏卒曰：“吾事毕矣。”南向拜而死。年四十七。衣带中有赞曰：**“孔曰成仁，孟曰取义；惟其义尽，所以仁至。读圣贤书，所学何事；而今而后，庶几无愧。”**数日，妻欧阳氏，收其尸，面如生。

孔子曰：“志士仁人，无求生以害仁，有杀身以成仁。”文信国会读此书，体贴做人。其始也，慷慨而毁家纾难；其继也，从容而九死不悔。且做完一忠字，而孝弟与信礼义廉耻，莫不做完，是真会读书者也，真能做人者也。微箕而外，谁其匹哉！

刘保斋曰：“孔子不以仁许人，而独以许殷之三臣，孤竹之二子。余以为若文信国公者，文山之陷，京口之脱，去而不污矣。伯颜拘于江舰，宏范执于海州，世祖系于燕狱，囚而不屈矣。仰药于庾岭，绝粒于乡郡，已而陨首于燕市，死而不悔矣。兼微箕比干之心者，其在公乎？”

简注：

①文信国（1236—1283）：文天祥，南宋末期吉州庐陵（今属江西）人。初名云孙，字天祥。后因住过文山，而号文山。祥兴元年，封少保、信国公。后世称文信国。

②张宏范（1238—1280）：即张弘范，字仲畴，河北定兴河内里人，元初名将张柔第九子。率军灭宋。

③孛罗：元朝丞相。下文的“帝”，指元世祖忽必烈。

④王积翁(1229—1284)：字良存，福宁县(今福建霞浦)人。祥兴元年降元，授以刑部尚书、佩金虎将。后擢户部尚书，继为江西行省参知政事。

⑤留梦炎(1219—1295)：字汉辅，浙江衢州人。宋理宗淳祐四年甲辰科状元。端宗景炎元年降元。任礼部尚书，迁翰林承旨，官至丞相。

释义：

文天祥的故事，读书人差不多都知道。文中能看出，元世祖忽必烈还是爱惜文天祥这个人才的，想给个官做，让人传话，文天祥也能体会元世祖的用意，只是说，他现在的身份，不便直接为元朝做事。倘若世祖现在把他放了，他将以道士的身份回到故国，以后世祖有什么事，他会以方外之人的身份为世祖出谋划策。好多人认为，这是文天祥的脱身之计，一旦放了回去，还会起兵反元。我不这么看。读书人讲究气节，也讲究名分。现在的身份是宋朝的大臣，当然要尽忠职守。

放归以后的身份是道士，是方外之人，即世外之人，对宋朝就没有责任了，那时以顾问的身份报答不杀之恩，是说得过去的。

看来世祖是想这么做的。偏偏这个时候，出了个事儿，将世祖的安排打破了，而文先生又绝不会屈节投降，这样就只有死路一条了。打破世祖安排的这个事儿，不妨探究一下。

王积翁原是宋朝的大臣，降元后得到元世祖的重用。大概是看出世祖想以道士名义释放文天祥，也想做个好事儿，将已经降元的宋朝官员谢昌言、留梦炎等十人，也用这个办法放了。然而，早两年降元，如今已在元朝任职的留梦炎不干了。说是这样不行，文天祥回去以后，会再次召集江南旧部反抗元朝，那时我们的面子往哪儿搁。世祖一想，也有道理，这事儿就停止了。囚了三四年，天祥不降，只有杀掉。

读此节，最应当记住的，是文天祥的《衣带赞》："孔曰成仁，孟曰取义；惟其义尽，所以仁至。读圣贤书，所学何事；而今而后，庶几无愧。"最应当时时吟咏自励的，是后四句，每起一邪念，或见危不救，或有责不负，都应当吟咏一下这四句，或许能起到憬然而悟，奋起前行的作用。

顺便说说王积翁和留梦炎的事。

王积翁降元后，得意过一阵子。到了南宋灭亡，就受到冷落。这是个不甘寂寞的人。至元十九年，元军征讨日本，海战失败后，王积翁以为自己显摆的机会来了，对元世祖说，他能宣谕日本，不动刀枪而使之归顺。元世祖还真的听了他的话，任命为赴日宣谕国信使，带上国书赴日，并以普陀僧如智为副使。至元二十一年，经温州出海时，强索一位叫任甲的渔民的船赴日，中途又常鞭笞任甲。靠近日本对马岛时，任甲不堪虐待，乘他醉了，伙同水手将他杀死，劫掠财物逃走。如此一来，赴日宣谕的任务没有完成，自个儿也死了。后来元武宗，封给他个谥号，叫“忠愍”，多少带点嘲弄的意思。

如果说王积翁做出这样的事，是读书不多的话，留梦炎这个人，可就不同了。

跟文天祥一样，他也曾中过状元，且比文还要早些。留中状元在宋理宗淳祐四年（1244），文中状元在理宗宝祐四年（1256），早了十二年。论年龄，也比文大，文生于1236年，留生于1219年，大了十几岁。他比王积翁也要大十岁。这样就可以想见，当初王为了保全文天祥的性命，劝文归顺元朝，文答应将来“他日以方外备顾问可也”，这时留梦炎是怎样一个心态，怎样一副嘴脸了。定然以饱学之士，老谋深算的口吻，说出了那样的话：“天祥出，复号江南，置吾十人于何地？”他的意思，他们十人回去，会安安分分，天祥一起事，他们就脸面丢尽。后来的事实证明，留氏就没有回江南的意思，元朝的根基已经稳固，他是打定主意，要留在元朝做官的。

留梦炎降元后，果然官运亨通，礼部尚书，翰林承旨，后来当到丞相，可说是位极人臣了。元成宗元贞元年，活到七十六岁，才告老还乡，不久，病死家中。贵为状元，宋室待之不薄，却觍颜事敌，且位至丞相。这在读书人看来，是极为可耻的。他是浙江衢州人，不光衢州的士人，连江南一带的士人，都觉得脸上无光。当年就曾有人说："两浙有留梦炎，两浙之羞也。"直至明代，凡留姓子孙参加科举考试，均需先声明非留梦炎后代，才有考试资格。

说到读书人的无耻，名声最大的，当数秦桧了。这也是一个因个人的无耻，让一个姓氏蒙羞的典型事例。至今杭州的岳坟前，仍跪着秦桧夫妇的铁像。据说清朝有位秦姓的读书人，来此曾写过一副对联曰："人从宋后少名桧，我到坟前愧姓秦。"

一个人的无耻行径，竟然影响了一个姓氏的品格，多少年后，仍让子孙后代蒙羞，谁敢说当国家到了节骨眼上，出处进退只是一己的选择？

宋祥兴二年，元张宏范由潮阳港乘舟入海，至甲子门，获斥堠将，知帝所在，乃至厓山。时张世杰[1]结大舶千余，作一字阵，碇海中，奉帝居其间，为死计。宏范无如之何。世杰有甥韩，在元军中，宏范三使韩招之，世杰曰："吾知降生，且富贵，但义不移耳。"因历数古忠臣以答之。世杰兵士茹干粮十余日，海水咸，饮即呕吐，兵士大困。世杰帅苏刘义、方兴等，旦夕大战。二月，宏范以舟师攻其南，世杰南北受敌，兵士皆疲，不复能战。俄有一舟樯旗仆，诸舟之樯旗皆仆，世杰知事去，乃抽精兵入中军。诸军皆溃。翟国秀、凌震等皆解甲降元。元军薄中军。会日暮昏雾四塞，世杰与苏刘义以十六舟，夺港去。陆秀夫[2]走帝舟，帝舟大，且诸舟环结，度不得出走，乃先驱其妻子入海，谓帝曰："国事至此，陛下当为国死，德祐皇帝辱已甚，陛下不可再辱。"即负帝同溺，世杰行收兵，遇杨太妃，欲奉以求赵氏后，杨太妃闻帝崩，抚膺大恸曰："我忍死间关至此者，正为赵氏一块肉耳，今无望矣。"亦赴海死，世杰葬之海滨。世杰将趋占城，士豪强之还广东，乃回。舣舟南恩之海陵山，散溃稍集，飓风大作。士卒劝登岸，世杰曰："无以为也。"登舵楼，露香祝天曰："我为赵氏，亦已至矣。一君亡，复立一君，今又亡。我未死者，庶几敌兵退，别立赵氏，以存祀耳。今若此，岂天意耶。"风涛愈甚，乃堕海死。

曾子曰："可以讬六尺之孤，可以寄百里之命，临大节而不可夺也。君子人与？君子人也。"夫当宋室播迁海上，孤仅六尺，地无百里，张陆二公会读此书，乃见危授命，视死如归。其不可夺也，为何如哉！

简注：

①张世杰（？—1279）：范阳（今河北涿州市）人，张柔之侄，南宋末年最重要的统帅。

曾子曰可以託六尺之孤可以寄百里之命臨大節而不可奪也君子人與君子人也夫當宋室播遷海

曾扶立益王赵昰为端宗，年号景炎。端宗溺水死，又扶立卫王赵昺为帝，改元祥兴，任少傅、枢密副使，与文天祥、陆秀夫并称为南宋三杰。

②陆秀夫（1236—1279）：字君实，楚州盐城（今江苏建湖）人。十九岁考取进士，与文天祥为同榜。祥兴二年，海战失败，负幼帝投海死。

释义：

南宋末年的历史，真让人不忍卒读。给人的感觉，就是几个读书人围着孤儿寡母，执意要演一至惨至烈的历史剧。德祐二年，临安沦陷，五岁的恭帝被俘，张世杰和陆秀夫带着宋宗室二王出逃。哥哥益王赵昰年方七岁，扶为端宗。三年后端宗死，又扶立其弟卫王赵昺为皇帝，在位两年，到陆秀夫负帝蹈而死时，年仅八岁。临安失陷时，摄政的太皇太后，已七十多岁。端宗在福州登位时，他的母亲杨淑妃为太后，垂帘听政。还不是几个孤儿寡母吗？

这段历史中，亦有巧合的事。南宋小朝廷的军事首脑，竟与元军统帅张宏范是堂兄弟，张宏范为元初名将张柔的儿子，张世杰为张柔的侄儿。奉为皇上的，三个都是不满十岁的孩子。另一个巧合是，南宋三杰中，文天祥与陆秀夫为同榜进士。给人的感觉，南宋末年这场至惨至烈的历史剧，格局也太小了。

格局虽小，其壮烈的程度一点儿也不小，显现出读书人的质量，一点也不弱。宋末和明末情形颇有相似之处。也是异族入侵，也是仓皇而法统不坠，也是几个做官的读书人支撑危局，给人的感觉都是勾心斗角，尔虞我诈，全然没有顾全大局，慷慨赴难的胸襟与品质。莫非时代越靠前，读书人的质量越优秀？还是时代越靠前，读书越愚忠？

一段惨痛的历史，总应当留下传诵的诗篇、有趣的典故，才让人觉得没有辱没了斯文。这上头，南宋末年也比南明强。文天祥的名篇《过零丁洋》，堪称典范。末后两句："人生自古谁无死，留取丹心照汗青！"有几个人不会背诵的？

说到有趣的典故，也可举一例。厓山战后，宋王朝彻底覆灭，张宏范踌躇满志，不可一世，派人在厓心北面的石壁上，刻下一行大字："镇国大将军张宏范灭宋于此。"妄想功垂千秋。传说没过多久，石壁上出现了一首诗："沧海有幸埋忠骨，顽石无辜记汉奸。功罪昔年曾倒置，是非终究在人间。"待元朝灭亡，人们将颂扬张宏范的字铲掉，改镌为："宋丞相陆秀夫殉国于此"。还有人说，张宏范当年刻的是"张宏范灭宋于此"，过不久，有人在前而加一宋字，成了"宋张宏范灭宋于此"。讽刺他原是大宋的臣子，竟率元军灭了自己的国家。

洪皓[①]使金被留，居冷山，踞会宁二百余里。屡因谍者密奏敌情，且力言和议非计，乞兴师进击。常求韦太后书，遣李微持归。帝大喜曰："朕不知太后安否，几二十年，虽遣使百辈，不如此一书也。"皓每遇贵族名家子流落于金者，尽力拯救之。留金十五年而还，入对内殿，求郡养母，帝曰："卿忠贯日月，志不忘君，虽苏武[2]不能过，岂可舍朕去耶？”皓退见秦桧[3]，语及张浚事，与桧不合，遂除徽猷阁直学士，提举万寿观。复以论事忤桧，出知饶州。

子曰：“行己有耻，使于四方，不辱君命，可谓士矣。”**洪公留金十五年，大节不挠，可谓有耻不辱已。至于间通敌衅，密致后书，归求养母，屡忤贼臣，尤非苏属国之所能及者。**大节凛凛，又不仅于善读此书矣。

简注：

①洪皓（1088—1155）：字光弼，饶州乐平（今属江西）人。高宗建炎三年，以徽猷阁待制代礼部尚书，出使金国被扣。绍兴十三年始归，留金十五年。持节守正，历经艰险，终未降金。

②苏武（？—前60）：字子卿，西汉杜陵（今属陕西）人。天汉元年，出使匈奴被扣，持节守正，屡劝不降，历经磨难，羁留匈奴十九年，始元六年始归。拜为典属国。后世称苏属国。

③秦桧（1090—1155）：字会之。宋代江宁府（今江苏南京）人。徽宗政和五年登第，先后任太学学正、御史中丞。靖康二年，金军攻破开封，与徽钦二帝同被俘获。南归后，任礼部尚书，两度宰相，前后执政十九年。

所能及者。大節凜凜。又不僅於善讀此書矣。

子曰。行己有恥。使於四方。不辱君命。可謂士矣。洪公

释义：

洪皓之事，确实感人。龙炳垣先生说他，“至于间通敌衅，密致后书，归求养母，屡忤贼臣，尤非苏属国之所能及者”。将历史人物这样比较，没多少道理。一个人，只能做他所处环境允许他做的事，不可能做时代环境不允许他做的事。允许做的事做好了，做到极致了，就不必再去苛责，再去跟什么人比个高下。看龙先生的意思，苏武先生留北多少年，只是持节坚守，而洪皓先生除坚守外，还做了许多有益国家的事，因此苏先生就不如洪先生。若有人说苏武一到匈奴就叫扣留，发配到北海（现俄罗斯贝加尔湖）边牧羊，十九年持节不屈，其环境之恶劣，其意志之坚韧，远胜洪皓，怕龙先生亦无话可说。因此，还是不比较为好。

再说句题外话，关于秦桧的。和战之事，不去说他。写这段评述时，看了《宋史》上的《洪皓列传》，想弄清怎么“语及张凌与桧不合”。原来是，洪皓在跟秦桧谈话时，说张凌有军事才能，金人怕他，应委以重任。张凌是主战派，跟秦桧不合，秦桧当然就不高兴了。于是便给了他个名分不低，却不能说多么重要的官去做。事情这么做了，话却说的很有意味。原话是：“尊公信有忠节，得上眷。但官职如读书，速则易终而无味，须如黄钟大吕乃可。”意思是，

当官也跟读书一样，要慢慢看，太快了就读不出味儿，就像听好的音乐似的，从容欣赏，才能渐入佳境。秦桧毕竟是读书人，讲歪道理也能讲得这么有书卷气。现在的当官的，有几个能这样像读书一样地当官呢？

明成祖[①]之发北平也，僧道衍[②]送之郊，跪而密启曰："南有方孝孺[③]者，素有学行，武成之日，必不降附，请勿杀之。杀之则天下读书种子绝矣。"上首肯之。及建文逊去，即召用孝孺，不屈，系之狱。上欲草即位诏，皆举孝孺，乃出之狱。孝孺斩衰入见，悲恸彻殿陛。上谕之曰："我法周公辅成王耳。"孝孺曰："成王安在？"上曰："伊自焚死。"孝孺曰："何不立成王之子？"上曰："国赖长君。"孝孺曰："何不立成王之弟？"上降榻劳曰："此朕家事耳，先生毋过劳苦。"左右授笔札，上曰："诏天下，非先生不可。"孝孺大批数字，掷笔于地，且骂曰："死即死，诏不可草。"上大声曰："汝独不顾九族乎？"孝孺曰："便十族奈我何！"声愈厉。上大怒，令以刀抉其口两旁至两耳，复锢之狱。收其朋友门生尽杀之。然后出孝孺磔之聚宝门外，孝孺慷慨就戮。

铁铉[④]既被执，至京，陛见，背立廷中，正言不屈，令一顾不可得。割其耳鼻，竟不肯顾。爇其肉，纳铉口中，令啖之，问曰："甘否？"铉厉声曰："忠臣孝子肉，有何不甘！"遂寸磔之，至死犹喃喃骂不绝。上乃令升大镬至，纳油熬之，投铉尸，顷刻成煤炭。导其尸向上，终不可得。上大怒，令内侍以铁棒夹持之，使北面上。笑曰："尔亦朝我耶。"语未毕，油沸溅起数丈，内侍弃棒走，尸仍反背。

孔子曰："有杀身以成仁。"方铁二公有焉。当殉建文时，死者不一其人，而方尤烈。至铁公之御燕兵也，济南之围，东昌之捷，韬略具在，又非徒以一死报国者。

简注：

①明成祖（1360—1424）：名棣，明朝第三位皇帝。明太祖朱元璋第四子，受封为燕王。发动靖难之役，攻打侄儿建文帝，夺位登基。在位二十二年，其统治时期后称为永乐盛世。

②道衍（1335—1418）：本名姚广孝，苏州长洲县（今江苏苏州）人。元末明初政治家、高僧，出自显赫的吴兴姚氏。元至正十二年出家为僧，法名道衍，字斯道，自号逃虚子。明成祖朱棣自燕王时代起的谋士，靖难之役的主要策划者。

③方孝孺（1357—1402）：浙江

孔子曰。有殺身以成仁。方鐵二公有焉。當殉建文時死者不一其人。而方尤烈。至鐵公之禦燕兵也。濟南之圍。東昌之捷。韜略具在。又非徒以一死報國者。

宁海人，明代大臣，著名学者、文学家、思想家。燕王兵入京师后，他不肯为成祖起草登极诏书，刚直不屈，孤忠赴难，被诛十族。

④铁铉（1366—1402）：明代邓州（今属河南）人。太学读书时，熟读经史，成绩卓绝，授礼部给事中，深得太祖器重，赐字鼎石。靖难之役，铁铉任山东参政，与守将一起，挫败燕王的部队，使之北撤。燕王二次南下时，绕过济南，攻陷临安，再回师北上方攻破济南并俘获铁铉。

释义：

这两件事，都是明成祖朱棣干的，都发生在靖难之役期间。太惨了，不忍卒读，不忍重述。从后来的行事上看，朱棣先生不是个多么残暴的人，治国上还有一套，何以夺权时期会出此下策？想来帝位系篡夺而得，名分不正，心怀恐惧，不用如此残酷的手段，难以震慑住天下的读书人、军中的将士们。

最见其心理恐惧的，该是对方孝孺先生的恐吓，说："独不顾九族乎？"没想到方孝孺回答说："便十族奈我何！"这件事早年就读过，且不止一次，每次读到这儿，都有种不寒而栗的感觉。不是对朱棣先生的恐吓，而是对方孝孺先生的回答。朱棣先生的话，是为了让对方折服，听话，效果达到，毒手段就不会实施了。方孝孺先生则不然，他是知道自己的话说了的后果的。对方已摆出皇帝的架子，又在气头上，说杀谁就杀谁，说杀多少就杀多少。更莫名其妙，难以理解的是，皇上说了“独不顾九族乎”，方先生为了表示自己的浩然正气，竟随口加了一族：“便十族奈我何！”不必说九族的具体名称了，一族一族的排下去，肯定是由近及远，由亲及疏，人口呢，则是越来越多。第十族，肯定是那种八杆子才能打着的亲戚。也就是说，孝儒先生一句硬气的话，不知让多少跟他没有多大关系的人送了命。不说远房亲戚了，就是父母妻子跟上遽遭荼毒，能不让人悲痛难平吗？人们在赞叹方孝孺先生的高尚品质的同时，可想到这些无辜的生命？

有人说，专制统治者是不通人性的。我不这么看。仅从朱棣先生身上，也得不出相同或相近的结论。若是不通人性，他就不会用“诛九族”的话吓唬方孝孺先生。他会杀上一只鸡，然后指给方先生看，说你要是再不照我说的办，我就会像杀鸡一样杀了你。所以说出“灭九族”的话，正说明了他是通人性的，知道谁不敬重自己的父母，谁不钟爱自己的妻子，谁不怜惜自己的学生，谁又愿意祸及无辜。只能说是，他通识了人性之后，没把他用在怜惜别人的生命上，而用在实施自己的残暴上。

这就引出了一个话题：一个人，怎样才算是完成了他的道德教育。朱棣先生肯定是个反面的典型，方孝孺先生是个正面的例证吗？我不这么看。他们做的事是两个极端，但他们的道德理念则无质的差别。都是把妻子儿女看作自己的私有财产，都是将无辜者的生命视作自己权利或品行的筹码。这样的道德教育，是畸形的，也是失败的。道德教育的成功，应是在受教育者心里，牢牢地建起一条底线。任何情况下，不管是富贵还是贫穷，不管是得志还是失意，都不会逾越。在这上头，对当权者，应有更大的约束，更严厉的社会舆论的指责，让他无颜做人，生不如死。

陆 夫妇谱

德　感

仇览[1]，虽在燕居，必以礼自整。妻子有过，只自责己身不正，故不能齐家。妻亦因此自惭改过。

张湛[2]，矜严好礼，动止有则，居处幽室，必自修整，虽遇妻子，若严君焉。及在乡党，详言正色，三辅以为仪型。

梁鸿[3]与孟光，夫妇相敬如宾。尝避地吴中，依大家皋伯通，居庑下，为人赁舂。每归，孟光具食，不敢于鸿前仰视，举案齐眉。伯通察而异之曰："彼佣也，能使其妻敬之如此，必非凡人。"乃舍之于家。

《诗》曰："刑于寡妻。"孟子曰："夫妇有别。"又曰："身不行道，不行于妻子。"三公会读此书，做一个有德的大丈夫，殆所谓君子者乎？

简注：

①仇览：东汉官吏，字季智，陈留考城（今属河南）人。先为蒲县亭长，后为考城主蔚。曾入太学。征为方正，遇疾而卒。

②张湛：东汉大臣。字子孝，扶风平陵（今

張湛矜嚴好禮。動止有則。居處幽室。必自修整。雖遇妻子。若嚴君焉。及在鄉黨。詳言正色。三輔以爲儀型。

属陕西）人，成帝、哀帝间，为二千石，王莽时，历任太守、都尉。

③梁鸿：字伯鸾，扶风平陵（今属陕西）人。生卒年不详，约汉光武建武初年至和帝永元末年间在世。孟光为梁鸿妻，貌丑而贤。

释文：

这三个故事，说的都是"正身齐家"的道理。统名之曰"德感"，意思是，用自己的德行感染家人，建立一个亲热而有规矩的家庭。

古人对人生的体悟，似乎比今人要细致些，也深刻些。现在的孩子，一入学就学些为国为民的大道，不能说不对，总觉得太高蹈，太玄虚了。真的要为国为民，也不是一步就能做到的。古人也讲究志存高远，但做起来却讲究一步一步来，一步踏稳当了再迈第二步。且具体地分作四步，便是：修身、齐家、治国、平天下，简称修齐治平。治国和平天下，似乎不好分割，想来古代的国家较小又多国并存，这样国与天下，就有地域大小、治理难易的差别了。这四个步骤，也是与年龄相伴随的。年轻时要修身，结了婚就该着齐家了，出去做官，就能治国进而平天下了。

对普通人来说，最重要的是修身齐家。读书读的好不好，全看有没有"修身"的功夫，能不能做到"齐家"。怎么能做到齐家呢，龙炳垣先生不光举了三个例子，还引用经典上的文辞，说明此中的道理。“刑于寡妻”中的“刑”字，作典范讲，寡妻当是贱称，即妻子。全句意谓，给妻作典范。“夫妇有别”，意谓夫妻挚爱也要内外有别，不能爱得一塌糊涂，人前人后都不顾了。“身不行道，不行于妻子”，意谓自己不按规矩办事，老婆和孩子就更做不到了。

该细细体味的是梁鸿和孟光的故事。人在贫贱之中，该怎样做事过日子。人常说“贫贱夫妻百事哀”，意思是一坠入贫贱的境地，什么人生的趣味都没有了，这是不对的。境况越是窘迫，越要严格要求自己，越要有尊严地过好每一天。这方面，梁鸿和孟光夫妇，实在是我们效法的榜样。

和　睦

胡隆宇曰：**“阴阳和而后雨泽降，夫妇和而后家道昌。但妇女辈，未尝读书明理，若有不是，只当委曲晓谕，不可遽生瞋怒，相敬如宾，乃为和气召祥之家。”**

《礼》曰：“夫妇和，家之肥也。”《传》曰：“冀缺与妻相敬如宾。”[①]胡公会读此书，体出此言，教人以见，凡为夫妇者，皆当如是做也。

简注：

①冀缺与妻句：见《左传·僖公三十三年》。冀缺，春秋

时晋国冀（今山西河津）人，姓郤名缺。《幼学琼林》有：“冀郤缺夫妻，相敬如宾；陈仲子夫妇，灌园食力。”

释义：

胡隆宇先生这句话里，前面两句，即“阳阴和而后雨泽降，夫妇和而后家道昌”，见《幼学琼林》，后一句有一字不同，《幼学琼林》里，“家道昌”为“家道成”，意思是一样的。或许是胡先生或龙先生的误记。

相敬如宾这个词，我们平常说起，多以为是梁鸿孟光的事，实际上，那只是个事例，最早的出处，在《左传》上。原话是：“初，臼季使过冀，见冀缺耨，其妻馌之，敬，相待如宾。与之归，言诸文公曰：敬，德之聚也，能敬必有德，德以治民，君请用之。”意思是，晋国的臼季出使远方，路过冀地，看见冀缺锄田，他的妻子给他送来了饭。妻子对丈夫恭恭敬敬，丈夫对妻子恭恭敬敬，如同宾客一样。臼季就把冀缺一起带回晋国，对晋文公说：“对别人恭敬是有

胡隆宇曰。陰陽和。而後雨澤降。夫婦和。而後家道昌。但婦女輩。未嘗讀書明理。若有不是。只當委曲曉諭。不可遽生瞋怒。相敬如賓。乃爲和氣召祥之家。

德行的最大的表现，一个人如果能做到恭敬，他肯定有德行。德正是治理国家所需要的东西，陛下请重用这个人吧，不会有错。”后来，晋文公听从了他的话，将冀缺委以官职。而冀缺也确实很有德行，最终成为晋国很出名的好官。

这里说的夫妇和好，家道必昌，是有道理的。旧时的理由，现在未必就过时了。古代妇女极少有受教育的机会，可说“未尝读书”，现在不同了，据说大学里，女博士的数量比男的还多。但在家里，男子总觉得自己该享受一些特权，“遽生瞋怒”的事，也就时有发生，甚至习以为常。夫妻是该和美，但这和美里，仍有基本的原则须得遵循。比如说不可合谋做坏事，坑害他人，以图私利。最可怕的是，丈夫当官做坏事，妻子不说晓之以理，及时劝阻，反而默不作声，甚至助纣为虐，只嫌贪得还少。那样的夫妻纵使和美甚于常人，也只能说是不知人间有羞耻二字。可叹的是，当今之世，这样的夫妻竟所在多有而不足惊怪。

这样的夫妇，靠劝说几句，是无法改过的。他们哪个不是能断文、能识字的，什么道理都懂，只是不肯学好，偏要学坏罢了。我们唯一敢劝说，想来也会听从的是，做这些坏事时，千万别当着子女的面。再就是弄下的钱，千万别只管往儿女身上堆，穿的是“范思哲”，坐的是“法拉利”。这就等于不光想害了自己这一辈子，还想害了下一辈子。猫啊狗啊，都知道呵护幼崽，为人父母者，怎么能如此狠毒呢？

舊迎新。以惡易好。罪有不可勝言者。普願父兄先生。教訓子弟。平日即將此等大義。照書講明。免致臨事糊塗。倉猝受害也。然而王公大人招贅之舉。亦須留

偕 老

汉湖阳公主[1]新寡，光武[2]与论诸臣，微观其意。公主注意司空宋宏[3]，谓其威容德器，群臣莫及。帝因谓宏曰:“贵易交,富易妻,人情乎？”宏曰:“贫贱之交不可忘，糟糠之妻不下堂。”帝谓公主曰：“事不谐矣。”

唐太宗谓尉迟恭[4]曰：“朕将以女与卿，卿意何如？”敬德谢曰：“臣妇虽鄙陋，亦不失夫妇之道。每闻古人语，富不易妻，仁也。臣窃慕之，愿停圣恩。”叩头固让，帝嘉之。

礼有三不去，前贫贱后富贵，不去[5]，其一也。宋司空不足异。可异者，尉迟，武夫，不曾读书，却会做人，罕觏罕觏。

偕老之谊，可以期贤智，不可以必庸愚；可以期贫贱，不可以必富贵；可以期美妇，不可以必丑妻。更可患者，少年英俊，侥幸太早，胸无定识。一见王公大人，肝胆俱落，若以婚姻下问，非畏威而应，即希荣以图。弃

旧迎新，以恶易好，罪有不可胜言者。**普愿父兄先生教训子弟，平日即将此等大义，照书讲明，免致临事糊涂，仓猝受害也。**然而，王公大人，招赘之举，亦须留意察访，不可欣动一时，陷人于不义。且使千金之体，一朝瓦裂也。

简注：

①汉湖阳公主：东汉光武帝刘秀的大姐。

②光武：刘秀，东汉的开国皇帝。谥号光武，史称汉光武帝。

③宋宏：即宋弘。字仲子，东汉大臣，京兆长安（今陕西西安）人。刘秀即位后，拜为太中大夫，以清行称。

④尉迟恭：字敬德，朔州鄯阳（今山西朔州市朔城区）人。唐代名将。

⑤前贫贱后富贵句：见《大戴礼记》。全句为："妇有三不去：有所取无所归，不去；与更三年丧，不去；前贫贱后富贵，不去。"

释义：

这两件事，该赞叹的，不光是宋宏先生和尉迟恭先生，放着皇上的女婿不做，且说了一通大道理，还应当加上两位皇上。确有人希图富贵，抛弃原配妻子，或是隐瞒了家中已有妻室之事，做了东床驸马，自然应当受训指责。但也应当看到，更多的时候，是皇上不讲理，就要人家这么做。这种事，皇上做得出，民间的富贵者，也做得出。龙炳垣先生末后说"招赘之举，亦须留意察访，不可欣动一时，陷人于不义，且使千金之体，一朝瓦裂”实在是警世名言。

山涛[1]为布衣时，家贫，常谓其妻曰：“忍饥寒，我后当作三公，但不知卿堪作夫人否耳？”韩氏贞静，俭约不改，后涛果大贵，爵及千乘，而无妫媸。——媸音眷，妫媸谓姬妾。

房元龄[2]妻卢氏，有贤德。元龄微时，病欲死，谓妻曰：“吾病革，君年少，不可寡居，须善事后人。”卢泣入帷中，剔一目示元龄，以明无他。后元龄病愈，贵至宰相，礼之终身。

刘廷式既婚定，越五年登第，其所聘女，已双瞽矣。女家力辞，不可以配贵人。刘曰：“失明于订婚之后，义不可弃。若此女某不娶，何所归？”爰择吉成礼，夫妇相敬如宾，每携手而行。生二子，后瞽妻以疾卒，廷式哀哭不已。时东坡为太守，谕慰之曰：“哀生于爱，爱生于色。君娶盲女，爱从何生？”廷式曰：“某知亡妻哭妻，不知其有目与无目也。”东坡抚其背曰：“真丈夫也！”瞽女所生二子，俱登第。

孔子曰：**“妇有三不去，有所取，无所归，不去；与更三年丧，不去；前贫贱后富贵，不去。”**山房二公，其知前贫贱后富贵之义乎！刘廷式其知有所取无所归之义乎！晏子曰：“夫和而义，妻柔而正。”吾得于此数公见之，是皆会读书而做夫妇之伦者也。

简注：

①山涛(205—283)：字巨源，竹林七贤之一。西晋河内

怀县（今河南武陟西南）人。早孤家贫，年四十始为郡主前，累官至吏部尚书、太子少傅。

②房元龄（579—648）：即房玄龄。当系避清圣祖玄烨之讳而改。名乔，唐代齐州临淄（今山东淄博市临淄区北）人。唐代开国宰相。

释义：

三个故事中，山涛的事，还在情理之中。当老百姓时，家贫，看到妻子那么贤惠又那么劳累，说句带勉励意思的玩笑语，正是夫妻亲昵时应有的举动。房玄龄的事，就大出情理之外了。不是房玄龄先生的话大出情理之外，而是他的夫人卢氏的举动。丈夫患重病，自知将死，对后事作个安排，让她不要守寡，嫁个合适的人相伴终生，这有什么不对，竟惹恼了这位夫人，以为丈夫对她的忠贞有疑心，悲泣难耐，冲入床帷里面，立马剜了一只眼睛。就不想想，丈夫若不死，日后将终生面对一个少了一只眼睛的妻子，是何感觉？就是自己，也将为少一目而终生不便。这又何苦呢？不是不可以表表心志，只是不应当用这样残忍的办法。这样的烈性女子，实在

孔子曰。婦有三不去。有所取。無所歸。不去。與更三年喪。不去。前貧賤。後富貴。不去。山房二公。其知前貧賤

太可怕了。

刘廷式的事，反倒在情理之中。先前完婚时，眼睛还好好的，五年之间，什么样的事都可能发生，眼睛瞎了，不应当成为拒娶的理由。可贵的不是刘廷式先生，乃是瞽女的娘家人，觉得女儿这个样子，配不上新登第的贵人，要解聘退婚。真可说两好合成了一好，难怪千万年来，功业不存，而美名不衰。

最可笑的该是苏东坡先生，什么玩笑不能开，竟跟这么个厚道人开了个这么不厚道的玩笑。本意是“谕慰之”，听来却像是嘲讽、像是责问。哀痛缘于钟爱，钟爱缘于美色，这是个盲女，连眼珠子都不会眨一下，你的钟爱从哪儿来的？这叫什么话，像个当领导的说的吗？东坡先生这个人，聪明是没说的，才华更是没说的，心术吗，也不能说坏，人生态度吗，也不能说多么正经。就是嘴太损，只要能显露一点聪明的地方，当说不当说的，都会脱口而出。这次是伤了下级，不定什么时候也会伤了上级。他一生数度遭贬，最后一次还去了海南，创了历史上贬谪远近的记录，怕不能全怨别人，东坡先生自己也要分担点责任。

对东坡先生的这一看法，并不是读他的传记得来，是从我自己的经历中悟出来的。当今的明月照过古人也照着我，过去我曾感叹，自己为什么一生偃蹇潦倒，总是这么惹人讨嫌。现在老了，方始悟出，全怪平日嘴尖毛长，该说不该说的，不定什么时候就说了。讨人嫌而全不自知。聊以自慰的是，一生未做什么大事，只是写作而已。真该感谢天网恢恢，“疏而有漏”了。因此，我劝读到这儿的朋友，在体味三个故事的深意的同时，也体味一下东坡先生的话语，看我说的可有些许的道理。若能由此得些人生的教训，也不枉我悉心评点的辛苦。

柒 交友谱

择 友

何晏①、邓飏②、夏侯元③求与傅嘏④交，而嘏皆不许。曰：“夏侯泰初志大心劳，能合虚誉，利口覆国之人也；何平叔言远而情近，好辩而无诚；邓元茂有为而躁，外要名利，而内无关钥；贵同恶异，多言而妒前，多言多衅，妒前无亲。三人者，皆败德也，远之犹恐祸及，况亲之乎？”

孔子曰：“毋友不如己者。”傅公会读此书，做出慎交之人，则与悦不若己者异矣。”

简注：

①何晏（？—249）：字平叔，南阳宛（今属河南）人，汉末大将军何进之孙，曾随母为曹操收养。有文才，尚清谈。

②邓飏（？—249）：字玄茂，南阳新野（今属河南）人，东汉开国名将邓禹之后。魏明帝时曾任尚书郎等职。曹爽当权期间，任颍川太守、大将军长史，后被司马懿杀死。下文作邓元茂，当系避清圣祖玄烨之讳而改。

③夏侯元（209—254）：即夏侯玄，字太初。沛国谯（今安徽亳州）人，曹魏大将夏

孔子曰。毋友不如已者。傅公會讀此書。做出慎交之人。則與悦不若已者異矣。

侯尚之子。博学多才，精通玄学。官至大鸿胪、太常。后因参与诛杀司马师的政变，事泄被杀害，夷三族。文中作夏侯元，当系避清圣祖玄烨之讳而改。

④傅嘏（209—255）：字兰石，北地泥阳（今属甘肃）人。幼有才名，出仕于魏，为司马氏父子所倚重，曾为河南尹，迁尚书，以功进封阳乡侯，死后追赠太常，谥元侯。

释义：

傅嘏对这三个人的评价，现在的人，多不这样说了。细细体味，确有道理，不妨用这样的标准，衡量一下身边的人。夏侯玄、何晏、邓飏三人，夏是“志大心劳，能合虚誉，利口覆国之人”，用现在的话说，就是空有大志，用心费力，爱好虚荣，嘴尖毛长，说三道四，说不定会覆灭国家的人。何是“言远而情近，好辩而无诚”——说起话来不着边际，做起事却纠缠于个人情感，好跟人争辩是非，却没有什么诚意。邓是“有为而躁，外要名利，而内无关钥；贵同恶异，多言而妒前，多言多衅，妒前无亲”——有本事而性情浮躁，对外邀名图利，内心却没有把门的钥匙；跟他见解相同的就看得起，不一样的就看不起，最要命的是，爱说话又嫉妒比他高明的人。爱说话便多惹是非，好妒便没有真心亲近的人。

这三种人，都有明显的优点，也有明显的缺点。按道理说，这样的人，也有其可爱之处，不是不可交往。但是，须注意的是，优点是什么，缺点又是什么。如果优点只是掩饰缺点，而缺点又是致命的，这样的人，万万不敢跟他们交往。

夏侯玄、何晏、邓飏三位，恰是这样的人。

傅嘏先生是个稳重有大志的人，怎么会跟这样的人交朋友呢？

这一节里，还应当留意的是，何晏等三人的出身门第。何晏是大将军何进之子，邓飏是开国名将邓禹之子，夏侯玄是大将夏侯尚之子，可说都是名门之后，身世显赫。用现在的话说，就是“官二代”了。他们的共同优点是聪明，有才华，有远大的志向，也有相当的能力。他们也有共同的缺点，那就是浮躁，不稳重，爱说大话，爱好虚荣。虽是一千多年前的事儿，不也值得今天的人们深长思之吗？尤其是当家长的，更要从小留心，不要让孩子沾染上这些不好的毛病。

这里，绝没有鄙薄“官二代”的意思。严格地说，“官二代”是个中性词，只是用“代”的方式，来标明一个人的家庭出身。与品质、能力，都没有关系。现在民间用起来，所以带了点嘲讽或鄙薄的意味，与当今的社会风气多少是有关联的。尤其是一些不知约束的年轻人，轻薄张狂，胆大妄为，动不动就把自己的“官老子”搬出来吓人，可说是害群之马了。

出身，从来不应当成为一个人与生俱来的光荣或耻辱。但出身的背景，又是确实存在的，要忽略也难。最好的办法是自己不要太看重，别人也不要太看重，都以平常之心对待之。若说有什么差别，应当是，自己多看重这一出身带来的对身体、对学业、对人生有利的方面，他人呢，也要多看对方身上显則喜。申公會讀此書。做出受善改過之人。然則如此人者。吾知其德日進。其過日寡矣。

示出的优秀的品质。不能说，只要是“官二代”就没有一个好东西。秉持了这样极端观点的人，才是真正可耻并可怕的。这也是一种“文化大革命”的遗毒。

要让我说，“官二代”是一个非常可贵的社会群体，将来各界的优秀人才，有许多会是从这一群体中产生的。毕竟无论从哪一方面说，他们占据的社会上的有利的条件都多一些。这是一个不争的事实，只有平静地看待。至于谁会脱颖而出，那就全看这些人里的每一个他或她，跟他或她的家庭的造化了。

受　善

申颜[1]与侯无可[2]交，自谓一日不能少之。或问其故，曰：“无可能攻我过，一日不见，此日即不得闻吾过焉。”

曾子曰：“君子以友辅仁。”孟子曰：“子路人告之以有过则喜。”**申公会读此书，做出受善改过之人，然则如此人者，吾知其德日进，其过日寡矣。**

简注：

①申颜：北宋人，关学的初创者。关学，是萌芽于北宋庆历之际的儒家学者申颜、侯可，至张载而正式创立的一个理学学派。因其实际创始人张载世称“横渠先生”，因此又有“横渠之学”的说法。

②侯无可：名可，字无可。华州华阴（今属陕西）人，是当时陕西关中一带十分出名的儒家学者。其姐为程颢、程颐的母亲。

释义：

受善，用现在的话说，就是接受意见，闻过则喜。“君子以友辅仁”，道理甚明。倒是前一节提到的，“毋友不如己者”，需要探究一番。此语出《论语》，凡两见，一在《子罕第九》，一在《学而第一》。《学而第一》在前，其中“毋友不如己者”为“无友不如己者”。

全句意为：不要跟不如自己的人交朋友。等于是提出了一个交朋友的原则。我认为孔老先生这话是有毛病的。道理是，每个人交朋友都这么挑剔，你要比你强的，他也要交比他强的，排到最后，总那么一个，甚至那么一批人，没人跟他交朋友，这不是有背他老人家“仁者爱人”的悯世情怀吗？

这话是不是可以理解为，交朋友，总要交那些有一方面长处的，能让你得到益处的人。可是这样也不太妥当。这样一来，交朋友就显得太势利了，有益处的就交，没益处的就晾到一边。谁还愿意帮助那些不如自己的人呢？还是曾子说的“以友辅仁”好些。交朋友，能增强一个人的仁爱之心。那么，还是别管自己得着得不着益处，以仁爱之心待人，以仁爱之心交友才是正理。这样，即使这个朋友没有多大的本事，也没有多少优点，只要他是个好人，就应当跟他交朋友。不是一定要去“交”，而是日常相处中自然而然地“交”，交上了，就以诚相待，这就是“以友辅仁”，这就是“仁者爱人”。

忘 年

张镒[①]有重望，陆贽[②]年十八，往见，语三日，奇之，请为忘年之交。

《礼》曰："相下不厌。"孟子曰："不挟长，不挟贵，不挟兄弟而友。"张公会读此书，做出忘年下交之人，岂不善哉！

简注：

①张镒（？—783）：唐代经学家，字季权，一字公度，吴郡昆山（今属江苏）人。父朔方节度使，以父荫授左卫兵曹参军。代宗初，出任濠州刺史，政条清简，延经术士讲授生徒。后任汴滑节度使，以病辞。建中二年，拜中书侍郎，同中书门下平章事。

②陆贽 (754—805)：唐代政治家、文学家。字敬舆，苏州嘉兴（今属浙江）人。大历八年进士。贞元八年出任宰相。三年后被贬为忠州别驾，卒于任所。谥号宣。有《陆宣公翰苑集》

行世。

释义：

张镒先生“有重望”时的年龄定然不小了，结识陆贽先生这样一个十八岁的年轻人，晤谈三天，临走还请小伙子答应与他成为忘年交。这品质够高的，这眼头也够准的了。陆贽先生后来政治地位和学术成就，都还说得过去。就是陆贽先生后来没大成就，以张先生的地位与名望，肯跟年轻人交朋友，也是值得赞赏的。

关于交朋友，前一节的释义里，已说了，不太赞同孔老先生那句话，即“毋友不如己者”。但我认为，如果将这个准则局限在年龄方面，则无不恰当处。我的意思是，要跟有年龄优势的人交朋友。这话有点费解，且易生歧义。说白了就是，年轻人要跟年纪大的人交朋友，年纪大的，要跟年轻人交朋友。为什么？你年轻时，学问见识，肯定不如年纪大的，交了朋友能多得到教益；你年纪大了，思想活力、敏锐性，肯定不及年轻人，交了朋友，能激发你的思维能力，且获得新的知识、新的信息。陆贽先生懂得这个道理，才会主

禮曰。相下不厭。孟子曰。不挾長。不挾貴。不挾兄弟而友。張公會讀此書。做出忘年下交之人。豈不善哉。

动去拜访张镒先生，张镒先生肯定也懂得这个道理，一次晤谈就结为忘年交，往后晤谈的次数肯定少不了。

有一点还想请读者朋友注意。忘年交这一名目，或者说是称呼，是长者对晚辈的一种礼遇。意思是，让对方（年轻人）忘了自己（老年人）的年龄，彼此结为朋友。不要因为我年龄大，应当尊之为师，而不敢视为朋友。时见现在的年轻人，提起比自己年龄大得多的朋友，朗声言道“我俩是忘年交”或“他是我的忘年交”，此中悖情悖理之处，该不言自明。应当怎么说呢，老年人可说：“这位是我的忘年交。”年轻人应当说：“不敢，不敢，您是我的老师。”这就对了。

恤　难

张一鹗与文丞相为同学友，丞相大拜后，屡荐之，不起。及丞相遭祸，路过吉州，一鹗潜出相见曰：“丞相往燕，予当同去。”至燕，寓狱之近宅，三年供给衣食。丞相既被害，即窃其首，藏之他处。继收其骸骨，火化而归。先一日，丞相之子，梦父言曰：“吾之骸骨，感一鹗带还矣。”已而果然。**后人谓：“生死交情，千载一鹗。”**

杨荣[①]从永乐帝北征，与相胡广[②]、金纯[③]、金幼孜[④]迷失道，入穷谷中。幼孜坠马，金胡二人不顾而去。杨公下马为整鞍辔。不数步，幼孜复堕，马鞍尽裂，公即让马骑之，自乘孱马。

从夜至旦，不胜其疲。翌日谒上，幼孜备述其事。上嘉公义，公谢曰："僚友之分，所当然也。"上曰："广、纯非友乎？乃不顾而去也！"

《礼》曰："患难相恤。"张杨二公，会读此书，做成义友，所谓高义薄云天者乎。

后人谓生死交情，千载一鹮。

简注：

①杨荣（1371—1440）：初名子荣，字勉仁，明代建安（今福建建瓯）人。建文二年进士。朱棣即位后，从翰林院中选用杨士奇、解缙等人与杨荣一起入值文渊阁，参预机务。永乐十六年至二十二年任首辅。死后追赠为太师，谥号文敏。

②胡广（1369—1418）：字光大，江西吉安人。建文二年状元，永乐五年至十六年任内阁首辅。

③金纯：泗州（今属江苏）人。太祖时任为吏部文选司郎中。洪武三十一年，擢为江西布政司右参政。成祖即位，为右刑部侍郎。仁宗朝和宣宗朝，先后任礼部尚书、工部尚书、刑部尚书。宣德三年，告老还乡。

④金幼孜（1367—1431）：名善，字幼孜，以字行。江西新淦（今江西峡江）人，建文二年进士，授户科给事中。永乐元年任翰林检讨。洪熙元年，拜户部右侍郎兼文渊阁大学士，不久加太子少保衔兼武英殿大学士，年底升任礼部尚书兼大学士。卒谥文靖。

释义：

恤难，就是遇到困难时给以体恤，给以帮助。这两个人做的事，都不容易。一个见出了韧性，一个见出果决。

张一鹗事中，文丞相就是文天祥。同学做了丞相，推荐他出来做官，硬是不出来。想来该是，做官要凭自己的本事，靠同学推荐算什么能耐？然而同学毕竟是同学，同窗数载，情谊还是有的。待到文天祥被元军俘获，押往北地的路上，经过吉州，情形就变了。一则文天祥是为国罹难，理应同情，二则，怕也是看见旧部无人随行照拂，便自告奋勇，伴随到燕地。不是送到就回来，而是在监狱附近找房子住下，不时送去食品和衣物。这一住，就是三年。文氏遇害后，又偷回首级，藏之他处，收其骸骨，火化而归。这是多大的情义，多大的功德，又是多大的毅力。

如果说张一鹗先生的行事，是一种深思熟虑的结果，那么杨荣先生的行事，则是仓促间的果断处置。

成祖北征，事在永乐八年。征讨的对象是鞑靼的本雅失里部，军至胪朐河（今蒙古人民共和国克鲁伦河），大获全胜。杨荣、胡广、金纯、金幼孜都是随驾北征的大臣，胡广地位最高，已拜相。天下事真有可嗔笑者，这么几位重量级的人物，平日随侍皇帝左右，在一次行军中，竟糊里糊涂地迷了路，走到一个荒山野谷里。偏偏这个时候，金幼孜先生竟从马上摔了下来。这种情况下，其他人该怎么办？胡广和金纯理也不理，扬长而去，独有杨荣先生，下马为之整理鞍辔，扶他上马继续前行。

福无双至，祸不单行，没走多远，鞍子断裂，马不能骑了。又是杨荣，将自己的马让给金幼孜骑，自己骑了金的孱马。同朝为官，同处窘境，何以会这样截然不同，不妨稍作分析。

永乐五年，胡广已拜相，地位高出众人。金纯，明太祖时，已官至江西布政司右参政，朱棣刚一即位，即为刑部侍郎，相当于现在的副部级干部。金幼孜也不是等闲之辈，永乐元年已任翰林检讨，此番北征，“帝重幼孜文学，所过山川要害，辄命记之。幼孜据鞍起草立就。使自瓦剌来，帝召幼孜等傍舆行，言敌中事，亲倚甚。”（《明史·金幼孜传》）以从政的经历看，金纯年纪要大些。其他三人，年龄都差不了多少。于此可知，胡广、金纯不去救助，不是职位的高低，也不是年龄的大小，更多的怕是情势危急，保自己的命要紧。别人嘛，就对不起了。这个时候就见出杨荣先生的品质了，置自己的危险于不顾，一而再地伸出援手，帮助同伴脱了险境。杨荣和金幼孜没有回来，永乐帝很是焦急，“是夜，帝遣使十余辈迹荣、幼孜，不获。比至，帝喜动颜色。”

还有一点，也挺有意思，不知是龙炳垣先生有意做此对比，还是无意间的巧合使然。看前面的简注，胡广、金幼孜、杨荣，都是建文二年的进士，胡广拨了头筹成为状元，论出身仍是进士。也就是说，三人乃有同榜之谊。第一节中，张一鹗与文天祥也是同学（未必是同榜进士）。同为同学关系，张一鹗先生能数年如一日，仁至义尽，而胡广先生生死关头，竟置同榜同僚于不顾，这中间能说没有品质的关系吗？

捌

仁民谱

全 节

徐达[1]征姑苏，见一绝色女子，以重币聘之。及师旋，悔之。使人道意，令其他适。女家坚求归公，以侍巾栉。达固拒之，遗数百金，助其妆奁，且谢负约。

程彦宾为罗城太守，进攻遂宁之日，左右以三处女献，皆有姿色，女哀怖无已。公谓女曰："毋恐。汝犹吾女，安敢相犯？"因手自封锁，置于一室，急访其父母还之。皆泣谢曰："愿太守早建旌节。"彦宾云："旌节非敢望，但得无病而终，则幸甚矣。"后官至观察使，年九十七，无疾而终。诸子皆登仕籍。

黄汝楫家富饶，方腊寇乱，欲逃避之，以金银埋窖土中。忽闻贼掠士女千人，拘闭空室，出榜晓谕，得金帛便放还，不得，尽杀之。黄公恻然曰："我有金二百斤，可悉买其命。"乃取窖中金银送贼营，千人得释还家。黄公有五子，开、合、阅、闻、闾，相继登科，俱为显宦。

秦大成[2]为孝廉时，继娶于某氏。初婚之夕，氏悲号不止。秦公问之，对曰："妾自幼许邻家李氏子，父母嫌其贫困，逼休改嫁。窃以身更二姓，有乖妇道，是以悲耳。"公悚然曰："何不早言，几成吾过。"乃出闭其门，趋止外舍宿。急命家童迎李氏子，语之故，且曰："今夕良辰，汝二人即在吾家成礼。"所有奁资，举以相赠。李氏感泣，莫知所对，即于秦室成婚。三朝后，夫妇泣谢而去。癸未科，秦公状元及第。

何澄以医术著名，同郡孙勉之妻俞氏，以夫久病，召澄诊脉，云："病势危急，须进补药多剂，方保平安。"俞氏念补药价贵，家实无钱，因思己有艳色，若得救夫之命，亦何惜自献之丑。引澄至密室，言："家贫不能图谢，且无力市贵药，愿以身酬。"澄正色曰："汝虑无药救夫，因欲作此秽事，大可怜悯。然余生平，誓不作此行，苟以此相污我，是使我永为小人，娘子亦失大节。吾力犹能办药，必愈尔夫，不须过虑也。"竟与多剂，愈其夫疾。一夕梦神告曰："汝医药多功，且不于危急中乱人妇，奉上帝勅，赐汝一官，钱五万贯。"未几东宫得疾，诸医不能治，澄一剂获安，赐官与钱，如其梦数。自此大富，医道益振。

樊迟问仁，子曰："爱人。"孟子曰："人皆有不忍人之心。"**以上诸公，会读此书，做成仁德，全人名节如是。或曰诸公不尽读书人也，何以概之？予云：子夏曰："虽曰未学，吾必谓之学矣。"**

全节戒淫，是仁民中第一义，学者识之。

吾必謂之學矣。

简注：

①徐达（1332—1385）：明初名将。字天德，濠州（今安徽凤阳）人。任右丞相，封魏国公，死后追封中山王。

②秦大成（1720—1779）：字澄叙，号簪园，清代江苏嘉定（今上海嘉定）人。乾隆二十八年状元，

樊遲問仁。子曰愛人。孟子曰。人皆有不忍人之心。以

曾任翰林院修撰。去世时仅薄田三十亩，图书满架。死前留言：“吾所受之先人者即此，传于子孙而已。”

释义：

全节者，保全名节。人的名节，是一点一点积累起的，一处错失，先前积累的名节会全毁了。名节与功业有联系，又有不同。功业，遇到失败或过错，可以反败为胜或是将功补过，无碍大局。名节一旦毁弃，几乎永难翻身，且无可补偿。纵使他人原宥，自家怕也要愧疚终生。何以有这么大的差别，细究之，功业挫败，术也，名节玷污，心也。术可有差池，心不可以不端正。龙炳垣先生将《全节》作为《仁民谱》的第一节，用意深矣。

五个人五件事，除黄汝楫先生一事，系散尽自家钱财，救活贼掠士女千人外，其余四人四事，全与男女之事有关，情形又有不同。

徐达属见色起意，且重币聘之，形同纳妾，班师之后，能及时改过，已属不易。程彦宾与何澄之事，凡有良心者，岂能忍心去做？相比较而言，要容易些。最难得的，该是秦大成一事，已明媒正娶，孰料新婚之夜，竟问出这么一段隐情。秦先生当机立断，走出洞房，闭了房门，命家僮叫来李氏子，当夜成婚，且将所有奁资，举以相赠，直可说是旷古少有之事。

视名节为生命，可说是这五个人共同的品质。

这样的事，用不着多说什么，要说的是一段题外话。不知读者朋友留意了没有，这五个故事中，有四个的末尾，都说到了后来的报应。程彦宾先生，官当到观察使，年九十七无疾而终，诸子皆登仕藉。黄汝楫先生，五个儿子相继登科，俱为显官。秦大成先生，过后不久就状元及第。何澄是医生，不会登第也不会做官，竟因医好东宫的病，获得皇上赐给的官衔，还得到一大笔金钱奖赏。所以不提徐达先生的报应，乃是因为徐达当时已为军事统帅，后来位极人臣，举世皆知，毋庸赘言。

这就引出一个话题：他们后来的发达，或是子弟的荣耀，与他们的重视名节，多行善事，有直接的关联吗？我的看法是，没有直接的关联，间接的关联还是有的。

能做此等善事的，家庭状况总还差不多。比如秦大成先生，若家境不好，竭尽家资才娶回这么个媳妇，哪会管她先前所爱是谁，早就饿虎一样地扑了上去，哪会细细盘问，又将自己迎娶新妇的奁资举以相送？家境好，不做坏事，心境平和，自己努力向学或是督促子弟努力向学，得中科名，应是情理中的事，这就是一种间接的关联。过去的人，把这说成是一种因果报应，即直接的关联，那就大谬不然了。戒淫戒贪，乐善好施，是一种人生的修持，也是一种品德的养成，若把它跟自己的前程、子孙的福祉联系起来，那就成了一种投资，跟做买卖没什么不同。好心有时候有好报，有时候没有好报，是社会的正常现象。有没有好报，是别人的事，自己一计较，就是势利小人了。只有不计后果做下的好事,才是真正的好事。

打个比方，有儿童落水，会水的跳下去施救，是出自本能的一种善举。若考虑一下救起之后会得到什么荣誉奖励、金钱的补偿，那就不是救人，而是昧了良心发财了。话说到极端，如果走在街上，扶起跌倒的老人，肯定能得到一笔钱财，只怕有老人弯腰系一下鞋带，就会有一群人冲过去搀扶，甚至会有人将老人推倒而索要钱财的，那成了什么世道!

顺便说个故事。记得看过的一本书上，说王阳明嫁女儿，临行前，女儿问：爹爹还有什么要嘱咐的吗？王阳明说：记住，到了婆家，千万不能做好事。女儿大惊，说爹爹怎么说这话，不能做好事，是让我做坏事吗？王阳明沉下脸说：好事都不能做，怎么能做坏事！王先生不愧是个理学家，也是个哲学家。他的“千万不要做好事”的意思是，到了婆家，就是婆家的人，安安分分做个本分的媳妇就是了。若存下做好事的心，就会处处不自然，装模作样，矫情悖理，也就失了当媳妇的本分。

说来说去，还是孔夫子、孟夫子说的好：仁者爱人，人皆有不忍人之心。常存此心，遇到该做善事的时候去做，平日没事，过好自己的日子就行了，这才是生活的常态，也才是做人的本分。

矜孤

扬州蔡琏，建育婴社，募众协举，以四人共养一婴，每月出银一钱五分。遇路上遗弃之子女，收至社中，雇贫家乳妇喂之，每给工食银六钱。每月十五日，社首亲到社中，验儿肥瘦以赏罚之。三年为满，听其父母各认领回。朱石君[①]曰："此法惠而不费，恤孤赈贫，所全甚大，可仿而行也。"

钟离瑾[②]宰江州，与邻县令许君结婚，将嫁女于许氏，买一婢从嫁。一日，婢执箕帚至堂前，熟视而泣，钟离怪而问之。婢曰："幼时我父亦令此邑，不幸与母俱亡，时婢七岁。育于吏家数年。今明府欲买婢，吏故以某应命。因见故迹，思念先人，不觉悲耳。"公即呼吏问之，大为悯恻，即命家人为易服饰，送书许公曰："吾买婢，得前故令遗女，怜而悲之，义不可久辱。当辍吾女嫁资，先为求婚，更俟一年，别为吾女营奁，以归君子，可乎？"**许君答曰："昔蘧伯玉[③]耻独为君子，某愿以前令女配吾次子，公女配吾长子，安事盛饰？"**于是二女并归许氏。钟离公因梦一绿衣丈夫拜谢云："弱息过蒙君赐，已得请于帝矣。"后瑾历十郡太守，寿九十八而终。

尚霖为巫山令，邑尉李铸，感疾遽困，尚公请所托。尉托以老母少女。及卒，尚公割奉送其母及函骨归河东，且嫁其女于士族。一夕梦尉拜泣曰："公命无子，铸感恩，力请于帝，令为公子矣。"是月霖妻果孕。明年解官归，每遇滩险，必见铸隐约立岸上，如指呼状。将抵荆渚，又梦尉曰："某明日当生，府公必以小盒送。”及生，府公果以小盒贮米，为糜粥之需，呼之曰合，名之曰颖。及长，深仁笃孝，官至大理寺丞。

元德秀④贫时，其兄早亡。有遗孤期月，其嫂又丧，无乳哺之。德秀昼夜哀号，抱其兄子，即以己乳含之涉旬日，而乳遂有汁，儿得长大。

叶梦得⑤在许昌，值大水流殍无数。公尽发常平所储赈之，全活数万人。独遗弃小儿，无由得救。询左右曰：“无子者，何不收养？”左右曰：“收养固人愿，但患岁丰年长，即来认去耳。”公即立法，凡灾伤遗儿，在人收养，父母不得于长成复认。遂作空券印给于民，凡得儿者，明书于券付之，救活小儿三千八百余口。后官至尚书，子亦登第。

孔子曰：“少者怀之。”孟子曰：“幼而无父曰孤。”又曰：“今人乍见孺子，将入于井，皆有怵惕恻隐之心。”诸公做矜孤之事，各尽其诚，各竭其力如此，不可谓之会读此书者欤？然其最好者，

一年。别爲吾女營奩。以歸君子可乎。許君答曰。昔蘧伯玉耻獨爲君子。某願以前令女配吾次子。公女配吾長子。安事盛飾。於是二女竝歸許氏。鍾離公因夢一綠衣

莫如育婴社。

简注：

①朱石君(1738—1806)：名硅，字石君，清顺天大兴（今属北京）人。晚年官至体仁阁大学士、太子少傅。

②钟离瑾：字公瑜，宋代庐州合肥（今安徽合肥）人。进士，为官赈济有善政。仁宗累迁龙图阁待制，权知开封府。

③蘧伯玉：名瑗，字伯玉。春秋时期卫国人。仕三公（献公、襄公、灵公），灵公称为贤大夫，与孔子一生为挚友。

④元德秀（696—754）：字紫芝。唐代人，世居太原，后移居河南陆浑（今河南嵩县）。开元二十三年任鲁山县令。岁满去职，房琯每见，叹息道："见紫芝眉宇，使人名利之心都尽。"

⑤叶梦得（1077—1148）：字少蕴，吴县（今江苏苏州）人。南宋绍圣四年进士，历任翰林学士、户部尚书、江东安抚制置大使等官职。以词著名。

释义：

这几个故事，说的都是怜惜孤儿的故事。最绝的是元德秀先生的事，孤儿无乳喂养，他将自己的乳头含在孤儿的嘴里，时日一长，他的乳头竟流出了乳汁。不知道这种现象，生理学上可有解释，若没有，只能说是一种传说了。仍须说，是个美丽的传说，或动了神灵，将一个男人的生理结构都变了。最让人感慨的，该是钟离瑾先生的事。他是江州的县令，有个女儿要嫁给邻县县令的公子，买了个婢女作为陪嫁。嫁前也不能闲着，让她打扫了卫生，这女孩儿拿着笤帚簸箕到了厅堂前，一看眼前的景象，忍不住流下泪来。钟离瑾先生一问，知道这女孩儿乃先前县令的女儿，七岁时父母双亡，县府的吏员收养了她。听说县令要买个婢女，就把她卖了。钟先生当即叫来县吏，情况属实，马上叫家人给婢女换了衣服。写了封信给亲家许先生说："我买的婢女，是先前县令的女儿，真叫人悲伤，不能让她长久受屈辱。我决定，留下我女儿的嫁资，先给这个女孩儿婚配。过上一年，攒下足够的嫁奁，再给家女儿完婚，你看怎么样？"料不到的是，这位许县令，也是个深明大义的君子，回信说："古代有个蘧伯玉，以独自当君子为耻，你这么好，我怎么能不成全呢。我愿以前县令的女儿配我家的老二，你的女儿配我家老大，哪用再准备什么嫁奁，一起嫁过来吧！"这样的事叫人看了，心里热乎乎的。再令人感叹的是，一个县太爷，要嫁女儿，准备嫁奁，竟要攒上一年的钱才够用。这位钟离瑾先生，为官之清廉，也就可以想见了。这样的事，给了现在的县太爷，怕不会这么难吧？

恤寡

王克明，兖州监生。族大户繁，其族有寡居者，克明聚族人告曰："某妇今失夫矣，守节听其自然。而日用饮食，须为之计久远。”因劝族人各捐资，凑成总数，代谋利息，按月寄送。年节叩贺，嘱子弟辈先往贺之，礼周情洽。所以慰其苦而坚其志也。于是族中寡居数家，皆从一而终，乃克明一人之力也。是科乡试，梦城隍送匾额至门，题“恤寡首录”四字。榜发，其子中解，后官极品。

汉陈孝妇，年十六而嫁，未有子。其夫当行戍。且行时属孝妇曰：“我生死未知，幸有老母，无他兄弟备养。吾不还，汝肯养吾母乎？”妇应曰：“诺。”夫果死不还，妇养姑不衰，慈爱愈固。纺绩织纴，以为家业，终无嫁意。居丧三年，其父母哀其少，无子而早寡也，将取嫁之。孝妇曰：“夫去时，属妾以供养老母，妾既许诺之。夫养人老母而不能卒，许人以诺而不能信，将何以立于世？”欲自杀，其父母惧而不敢嫁也。妇养姑二十八年，姑八十余，以天年终，卖其田宅以葬之，终奉祭祀。淮阳太守以闻，使使者赐黄金四十斤，号曰孝妇。

程珦[①]，二程夫子之父也。前后五得官禄，以均诸父子孙，嫁遣孤女，必尽其力。所得俸银，分赡亲族之贫者。伯母刘氏寡居，公至诚奉养。其女之夫死，公迎女从兄以归，教养其子，均于子侄。既而女兄之女又寡，公患女兄

種愛人之事。不可悉數。是在有志之士。會讀書。會體貼。會推類。倣而做之。其於做人之道。亦過半矣。

施途丐一錢是愛人。課村童千字。亦是愛人。指一人迷途是愛人。借一人雨具。亦是愛人。一言有益於人。

之悲思，又取甥女以嫁之。当时官禄微薄，克己好义，人以为难，而公行之裕如也。

孟子曰 ："老而无妻曰鳏，老而无夫曰寡。老而无子曰独，幼而无母曰孤。" 此四者，天下之穷民而无告者。文王发政施仁，必先斯四者。《诗》云 ："哿矣富人，哀此茕独。" 以上做恤寡之人，真是会读此 "无夫曰寡" 一句者。至于鳏独以及疲癃残疾，国家设立养济院。有等仁人君子，又立济瞽局、施粥厂以佐之，均是会读此节书，设法做事之人，亦可见其用心之广矣。

或曰，爱人者无所不爱也。何独言矜孤恤寡二条。曰 ：举至惨者，以例其余耳。

施途丐一钱是爱人，课村童千字，亦是爱人。指一人迷途是爱人，借一人雨具，亦是爱人。一言有益于人，一事有利于人是爱人 ；掩人一恶，扬人一善，亦是爱人。他如救难济急，排难解纷，申冤理屈，施药送棺，种种爱人之事，不可悉数。是在有志之士，会读书，会体贴，会推类，仿而做之，其于做人之道，亦过半矣。

简注 ：

①程珦（1006—1090）：字伯温，宋代洛

阳人，程颢、程颐之父。仁宗天圣年间，历任黄陂、庐陵二县县尉，润州观察支使，历知龚、凤、磁、汉诸州。

释义：

前一节读了“矜孤”，这一节读“恤寡”，用现今的话语说，都是关怀弱势群体。

三件事，三个侧面。王克明先生一事，说的是怎样关照大家族中的寡妇，程珦先生一事，说的是怎样关照小家族中的寡妇，陈孝妇一事，说的是寡妇应当有怎样的志节。丈夫死了，寡妇该怎么办，现在不是个事儿，或嫁或守，听其自便，没有人会干预。封建时代，也不是说不准再嫁，但无论道德操守还是社会舆论，都是倾向守节的。这也是封建时代节妇孝妇特别多的原因。在这上头，我觉得王克明先生的做法是可取的。先表明态度，守节不守节，听其自然。再提出自己的主张，只要不改嫁，还是咱们这个家族的人，就应供给她日用饮食，让她生活得到保障。具体办法，一是族人捐资，凑成总数，代谋利息，按日送去；二是逢年过节，族中晚辈，前往慰问，让她感到族人的温暖。古代社会，家族的作用很大，抚恤鳏寡，教养子弟，多由家族中的长者擘划实施。现代社会，家族的作用越来越小，这是谁也无法阻挡的社会发展，但是，对于有相当实力的人士来说，还是应当关心家族中的贫寒者，至少这也是为社会做的一份贡献吧。

程珦的一段文字，阅读上或许会有歧义，稍作解释。

刘氏是他的伯母，寡居后得到他的关照。后来这位伯母的女儿，死了丈夫，程先生“迎女从兄以归”。这里的女从兄，便是指那个女儿。古人对家族中，同一曾祖或同一祖父而不是同一父亲兄弟，称为从兄从弟，现在称为堂兄堂弟。女从兄，即是现在的堂姐。下面说“既而女兄之女又寡”，是指这位女从兄的女儿又死了丈夫，省了一个“从”字。

陈孝妇的事，实在不知道该是惋叹还是赞美。十六出嫁，尚未有子，想来是新婚不久。后面说“居丧三年”，他父母哀其少，也可证明确实年轻。为了奉养婆母，年纪轻轻就开始守寡，终生未嫁，从人道上说，也太残酷了。有没有个更好的办法，既奉养婆母，兑现了对丈夫的承诺，又能及时婚配，享受人伦之乐？想来该是有的，具体该怎么实施，就不是这里要讨论的了。社会道德与社会舆论不应妄加干预，该是至关重要的一条。其他，就是当事人的事了。

这一节里，最该体味的，还是龙炳垣先生的一段话。可说是对《仁民谱》一章的总结。平常人，未必有孤可矜，有寡可恤，也未必能遇上什么军国大事，能好好地展现一下自己的气节，如何体现自己的仁爱之心呢？龙先生说，别着急，只要有此仁爱之心，身边的机会多的是，放眼可见，伸手可触。一连就举了十几个例子：路上遇见乞丐给点钱，教给村里的小孩识字，有人迷了路（或做错了）给以指点，下雨天借人雨具，说句对他人有益的话，做件对他人有利的事，遮掩他人一恶，揄扬他人一善。其余的像救难济急，排难解纷，申冤理屈，施药送棺，种种爱人之事，数都数不完，就看你做不做了。在这些小事上，会体贴，会推类，仿而做之，做人之道，就掌握一大半了。

玖 爱物谱

仲尼之畜狗死，使子贡埋之，曰："吾闻之也，敝帷不弃，为埋马也；敝盖不弃，为埋狗也。丘也贫无盖于其封也，亦予之席，毋使其首陷焉。"

宋哲宗每盥濯，必戒左右，倾盥水避蚁虫。程伊川先生作讲宫问之，帝曰："有此事。"伊川曰："愿陛下推此心，以及天下。"

曹彬为政，每冬月，禁修葺墙垣阶砌，恐伤蛰虫。

程明道为上元主簿，始至邑，见道旁有人持竿以黏飞鸟者，取竿折之，教之改业。曰："一命之士，苟存心爱物，于人必有所济，子岂无人心乎，何苦为此？"

程明道先生会客，语政事，先生叹曰："甚矣小人之无行也。牛壮用其力，老则屠之。"客曰："牛老不可用，屠之犹得半价。复称贷以买壮牛，甚为便益，不然，则废耕矣。且安得许多刍粟，以养无用之老牛乎？"先生曰："尔之言计利而不知义也。为政之本，莫大于使民兴行，民善俗淳而衣食不足者，未之有也。水旱蝗虫之灾，非不善之致乎？"

郭晖性爱物。其地于农隙时，辄以雷公藤毒鱼取其利，三四里内鱼鳖虾蚌，至大小尽毙。公知之，每年买藤焚之，曰："吾力不能禁，焚此，或小有济耳。"

孔子曰："伐一树，杀一兽，不以其时，非孝也。"孟子曰："君子之于禽兽也，见其生，不忍见其死，闻其声，不忍食其肉。"又曰："数罟不入洿池，鱼鳖不可胜食也。斧斤以时入山林，材木不可胜用也。"《礼》曰："诸侯无故不杀牛，大夫无故不杀羊，士无故不杀犬豕，庶民无故不食珍。”又曰：“草木零落然后入山林，昆虫未蛰不以火田。”又曰：“国君春田不围泽，大夫不掩群，士不取覆卵。”又曰：“牺牲毋用牝，毋覆巢，毋杀孩虫胎夭飞鸟。”甚矣，物之当爱也。**圣贤谆谆告诫如此，人顾可置若罔闻乎？吾谓人之会读此书者，必会爱物，而其不爱物者，必曰不会读书。至世之吃斋断腥，冀邀冥福，则愚之甚者也，与爱物无与焉。**

朱子注《大学》中“为人君”五句曰：“五者乃其目之大者也。学者于此，究其精微之蕴，而又推类以尽其余，则于天下之事，皆有以知其所止，而无疑矣。”此教人读书推类之法也。而做人推类之法，亦在其中。窃以天下所当读之书最多，人所当做之事更广，区区引集数条，何足以尽道哉。是在有志者之类推耳。

释义：

这里的爱物，不是爱惜物件，而是爱惜生物，敬重生灵。看看条文就知道。孔子的狗死了，没有盖的东西，也要用个草席子卷起来埋掉；宋哲宗的洗浴用水要倒掉，还要对跟前的人说，别泼在有蚁虫的地方；曹彬主持政务，禁止冬天修葺墙壁台阶，怕伤了冬蛰的虫子；程颢当官时，劝导路边持竿黏飞鸟的人，还由不宰杀老牛讲到为政的道理；郭晖因当地有用雷公藤毒鱼的做法，每年都要买许多雷公藤烧了，想减少些鱼类的死亡。这几个爱惜生物、敬重生灵的做法，真可以说用尽心智了。后面引用的圣哲的话，是更深一层地阐述爱物的道理。《大学》中，“为人君”五句，说全了是：“为人君，止于仁；为人臣，止于敬；为人子，止于孝；为人父，止于慈；与国人交，止于信。”引用朱熹的话的意思，是要读者明白“推类以尽其余”的道理，不要机械地模仿前面几个人的事例，任何时候，任何地方，都可能展现你的爱物之心。是爱物，也是爱己，别让你的良心受到损伤。

文中程明道的话里有“一命之士”，意思是，低微的官吏。命是官阶。周代官阶自一命至九命，一命是最低一级，后来就泛指低微的官职。

之當愛也。聖賢諄諄告誡如此。人顧可置若罔聞乎。吾謂人之會讀此書者。必會愛物。而其不愛物者。必曰不會讀書。至世之喫齋斷腥。冀邀冥福。則愚之甚者也。與愛物無與焉。

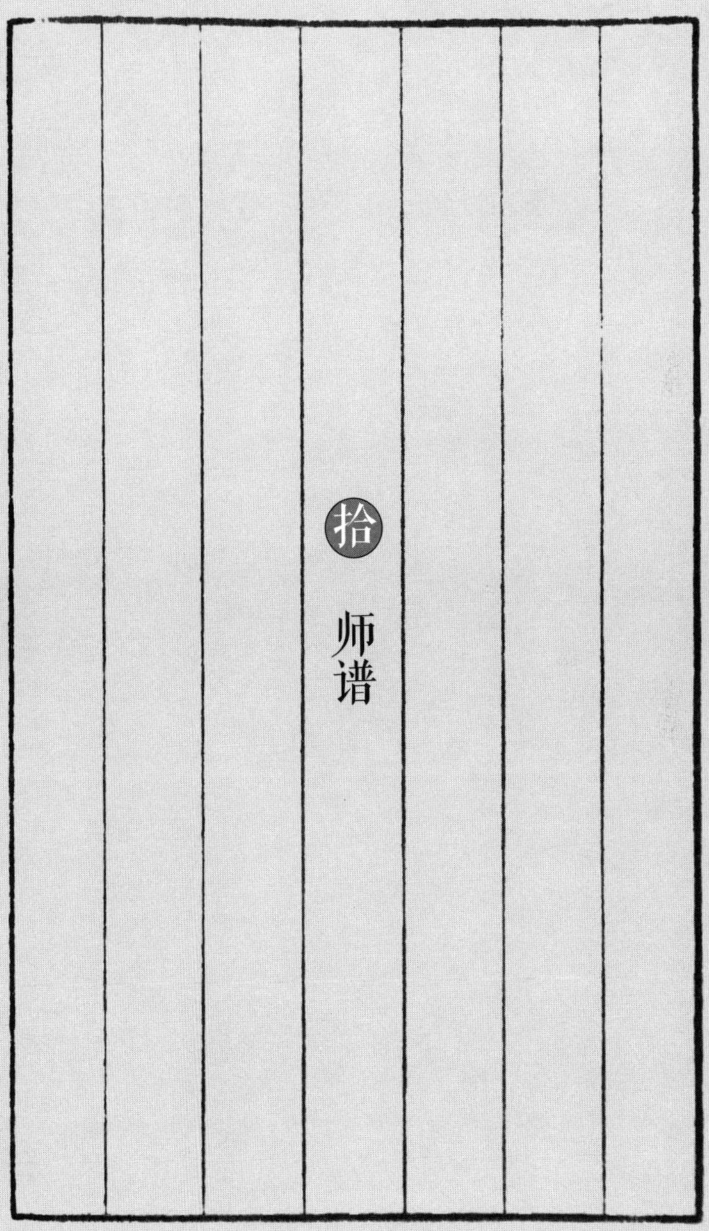

拾

师谱

韩文公[1]云："师者，所以传道授业解惑也。"传道何？传读书做人之道耳；授业何？授读书做人之业耳；解惑何？解读书做人之惑耳。或者不察，以记问之学当之，词章之习论之，遂使师道不明。而读书者多不会做人，兹故以做师谱终之，使天下之为师者，知师道在此而不在彼。于是以读书做人之道，身先而表率之，讲明而指示之，庶有以维斯道于不敝焉。

朱子白鹿洞学规：

父子有亲，君臣有义，夫妇有别，长幼有序，朋友有信。

右五教之目，尧舜使契为司徒，敬敷五教，即此是也。学者学此而已，而其所以学之之序，亦有五焉，其别如左：

博学之，审问之，慎思之，明辨之，笃行之。

右为学之序，学问思辨四者，所以穷理也。若夫笃行之事，则自修身，以至于处事接物亦各有要，其别如左：

言忠信，行笃敬，惩忿窒欲，迁善改过。

右修身之要。

正其谊不谋其利，明其道不计其功。

右处事之要。

己所不欲，勿施于人，行有不得，反求诸己。

父子有親 君臣有義 夫婦有別 長幼有序

朋友有信

正其誼不謀其利　明其道不計其功

已所不欲勿施於人　行有不得反求諸已

右接物之要。

窃观古昔圣贤所以教人为学之意，莫非使之讲明义理，以修其身，然后推以及人，非欲其徒务记诵，为词章以钓声名取利禄而已也。今人之为学者，则既反是矣。然圣贤所以教人之法，具存于经，有志之士，固当熟读深思而问辨之。苟知其理之当然，而责其身以必然，则夫规矩禁防之具，岂待他人设之，而后有所持循哉！

朱子学规，万世读书做人之大谱，实万世做师立教之大谱也。昔尝杂记于《论》《孟》之中，读者忽焉。惟朱子体会贯通，提纲挈领，而别为次序。于是圣贤立教之旨，乃明白于天下后世。普愿凡为人师者，以此为教人之谱，虽百变而不离其宗。庶几文行交修，上不悖圣贤立教之旨，中不负国家养士之恩，下不愧先知先觉之名。即孔子之所以为万世师表，而诲人不倦者，亦岂有异与？

简注：

①韩文公：韩愈（768—824），字退之，唐河南河阳（今河南孟州南）人。曾任国子博士、刑部侍郎等职。自谓郡望昌黎，世称

韩昌黎。晚年任吏部侍郎，又称韩吏部。谥号文，又称韩文公。

释义：

龙炳垣先生这本书，越编越精彩。以体例而论，《总谱》下是分谱，每一分谱相当于一章，有章名，章下又有节，有节名。由《士谱》到《仁民谱》共七章，纹丝不乱。第九章《爱物谱》，因字数太少，不分节也能说得过去的。到了这儿——《师谱》，方面不能说大，内容不能说少，按说该分节了吧？没有。章下即此一节，以他的点评分开。起初还有些奇怪，觉得此老是否编到后来烦了，将资料拢为一堆，稍加点评就算了。细一看方知不然，题目的窄（师道）只是一个方面，龙先生的情绪激昂，难以自持，才是主要的方面，放开手了，体例也就打破了；放开手了，编得也就更精彩了。

精彩处在于，在章名之后的"小引"（原文为小字双排）里，就忍不住发起感慨。章名之后有"小引"，并非创自本章，第二章的《士谱》也有，那不过是说说编辑意图，这里却是指陈时弊了。另一精彩处是，劈头第一节，不摘引古圣先贤为师尊师的事迹（这是本书的定例），而是将《朱子白鹿洞学规》，几乎全文移了过来。是显得"蛮"了点，却不能不令人拍案赞叹：立意高迈，用心良苦！

这就要说到朱熹先生这个人跟他的《白鹿洞学规》。

朱熹先生这个人，真是第一等的学问家，也是第一等的聪明人。以学问的根基，自身的修养，弘扬学术的志向而论，与他同时期的学者，何止千百。何以独他声名最著，功业最伟，成了孔子之后近似圣贤的人物？

叫我说，全在有大聪明和由大聪明而来的大气魄、大勇敢。《礼记》这部书，从古代到他那个今，哪个学者不是读得熟烂于心，独有他敢从中取了《大学》《中庸》二章，单独成书，与《论语》《孟子》放在一起，且置于“二子”之前，统称之曰《四书》，成为儒者修身治学的最高经典。他这么一弄，想来当时和稍后的儒家学者看了，登时会气得翻了白眼。这样的编排真是绝了！千百年来，凡是读《论语》《孟子》的，谁不知道，前者是一个老头子的牢骚话，有点糊里糊涂的人情味，有点似隐似现的大道理；后者是一个中年人的负气话，有点张口就来的捷智，有点未必多么高深的城府，未必多么管用的方略。其中的人生道理，修身之术，全要靠你去悟，有时是以小见大，有时是由此及彼，有时干脆就无中生有。古往今来，不知难煞了多少读书人，糊涂了多少明白人。而《礼记》呢，全是些繁冗细碎的规矩，做这个要怎么去做，做那个得要几个人，难得的几句明白话，全淹没在这些絮絮叨叨里了。这个姓朱名熹的老先生，竟能披沙澄金，独具慧眼，心中抽出《大学》《中庸》两章，全是明白话，全是真道理。再与《论语》《孟子》编在一起，一下子就成了一个清晰的系统。先是修身的根本（《大学》），再是做人的准则（《中庸》），下面一个是厚道人的把持（《论语》），一个是张狂人的发挥（《孟子》）。有总有分有大有小，谁能不服这个气，谁又能说一个不字？

《白鹿洞学规》，全名应叫《白鹿洞书院学规》，也叫《白鹿洞书院揭示》。这也是朱熹先生大聪明的地方，没有一句是自己的，又没有一句不是自己的。把它们编在一起，就见出了自己的志趣，自己的境界。这是做人的道理，从另一面看，又何尝不是做学问的道理？谁敢说古人的“述而不作”，只是述而不是作？

朱子《沧州论学者》①云："书不记，熟读可记；义不精，细思可精。惟有志不立，直是无着力处。只如而今，贪利禄而不贪道义，要作贵人而不要作好人，皆是志不立之病。直须反复思量，究见病痛起处，勇猛奋跃，不复作此等人。一跃跃出，见得圣贤所说千言万语，都无一事不是实话，方始立得此志。就此积累工夫迤逦向上去，大有事在。诸君勉旃，不是小事。"

大凡为人师者，不先教人立志，不先讲明义利关头，则学者无所下手处，势不得不舍内以求外矣。如是则馆中焉得有好学生；馆中无好学生，家中焉得有好子弟；家中无好子弟，朝廷焉得有好官人。吾尝谓官宦之所以不好者，皆其父兄先生之过也。为师者其审之。

简注：

①《沧州论学者》：朱熹著，全名为《沧州精舍谕学者》。

释义：

真道理总是直透肺腑的，再深也应当是人话、是实话。初看或许不明所以，再看必能憬然而悟。朱熹先生《沧州精舍谕学者》中的这段话，可说是真道理的最佳典范。有比兴，有转折，文辞简洁，用意深湛，一看就能懂，再看就能记住。“书不记，熟读可记，义不精，细思可精”，光这两个短语，就是千古不易的大实话。我是当过学生也当过教员的人，熟读记诵，受益无穷，亦极力倡导。有人说领会意思就行了，何必背诵，我说只有背诵，才是真正的记住，也才能真正的领会。这当然是指那些确实该背诵的诗文篇章。“惟有志不立，直是无着力处”，一转，说到立志的重要，说多少条都不为过，这里只说“无着力处”，让你看了如同醍醐灌顶，眼前登时一片清明。是呀，人而无志，宁复为人哉！志当存高远，王侯将相宁有种乎？你刚想到这儿，朱熹先生就看透了你的肠肠肚肚，蹄蹄爪爪。又是一声棒喝：“只如而今，贪利禄而不贪道义，要作贵人而不要作好人，皆是志不立之病。”害羞了吧？你那不是什么志，而是人的本性中最龌龊的一面——贪。是人都会起这样的念头，那还叫志

官宦之所以不好者。皆其父兄先生之過也。爲師者其審之。

大凡爲人師者。不先教人立志。不先講明義利關頭。
則學者無所下手處。勢不得不舍內以求外矣。如是。

吗？践行道义，做个好人，这才是真正的立志。将来呢，不必担心，“就此积累工夫迤逦向上去，大有事在”，也就是说，到了那时，不是你有没有作为，而是那么多作为放在那儿，看你顾得上顾不上了。

后面龙炳垣先生的发挥亦很精彩。这里他不说“无着力处”，而说“无所下手处”，意思是一样的。接下来，龙先生的推导，真是绝了。学校里没有好学生，家中怎么会有好子弟；家中没有好子弟，朝廷上怎么会有好官员？

龙先生在这里有个小小的纰漏，就是把学校教育放在了家庭教育的前面。也不能说是纰漏，因为他在说“师谱”，就把学校教育放在了前头。按人的成长的规律来说，少年时期，家庭教育和学校教育是平行的，甚至还要更早一些，更重要一些。这样，前面的话的顺序就要调整一下，成了：家中没有好子弟，学校里怎么会有好学生；学校里没有好学生，政府里怎么会有好官员？然后才是：“吾尝谓官宦之所以不好者，皆其父兄先生之过也。”

林致之曰："今之教读，可方古闾胥族师之任，其人有关于人材风俗者，不为不大。切须以身率人，正心术，修孝弟，重廉耻，崇礼节，整威仪，以立教人之本。守教法，正学业，分句读，明训解，考功课，以尽教人之事。凡日用间，父子、君臣、夫妇、长幼、朋友之道，心术、威仪、衣服、饮食之事，俱依《小学》明伦敬身所言，及《童蒙须知》《白鹿洞教条》、吕东莱[①]《规约》《程董学则》[②]、刘敬堂、真西山[③]《斋规》。其考德等事则依胡敬斋[④]先生《续白鹿洞学规》。务要切实体贴，就其身以开导之，即事论事，迎其机以点出之，时其动息而张弛之，慎其萌蘖而防范之。凡君子小人善恶义利轻重之辨，莫不为反覆晓告，恳切开谕，以发其心志，而责之以必为。荣耀之，愧耻之，使之欢忻鼓舞，日趋于善，而本然良心得以保全，而不至于破坏，是今日救时第一义也。否则蒙养既失，习成难转，虽记得甚多，讲得甚精，作得甚妙，只工纸上之谈，而实于其身，曾不得几字受用。甚则任气徇欲，饰非文奸，败常乱俗，以古道为迂，以执礼为固，以廉耻为矫激，是正古人所谓侮圣言，不识字者也，岂得谓之读书哉！**凡为师者，当以风俗为念，毋安常袭故，以误后学。**"

夫为师，实有人心风俗之责也，俗儒不知，可奈何？昔宋恭宗贬贾似道[⑤]于婺州，婺人闻似道至，率众为露布逐之。诏徙于建宁，翁合[⑥]上言："似道以妒贤无道之林甫，辄自托于伊周；以不学无术之霍光，敢效尤于莽操，专权罔上，卖国召兵，迫于众怒，仅谪建宁。窃惟建宁，实朱子讲学之阙里，虽三尺童子，亦知向方。闻似道名，咸欲呕唾，况见面乎？乞投荒昧，以申国法。”观乎此，则师道之关乎人心风俗也，且不止一时，实能及乎后世。况自宋迄今，数百余年，闻得婺源建宁暨漳州等处，尚不离朱子之教化焉。彼以词章科第立教者，亦曾有如是之教泽深入，令人殁世不忘者乎！然则为人师者，亦可以思返矣。

简注：

①吕东莱（1137—1181）：名祖谦，字伯恭，婺州（今浙江金华）人，人称东莱先生。南宋著名的理学大家之一，与朱熹、张栻齐名，同被尊为“东南三贤”。主要著作有《近思录》《东莱左氏博议》等。

②《程董学则》：程名端蒙，字正思。董名铢，字叔仲。二人皆为江西德兴人。

③真西山：真德秀（1178—1235），字景元，后改为希元，世称西山先生，建宁浦城（今属福建）人。本姓慎，因避孝宗讳改姓真。真德秀是南宋后期与魏了翁齐名的著名理学家，也是继朱熹之后的理学正宗传人，他同魏了翁在确立理学

字者也。豈得謂之讀書哉。凡爲師者當以風俗爲念。毋安常襲故以誤後學。

正统地位的过程中发挥了重大作用。其《斋规》全名为《真西山教子斋规》。

④胡敬斋（1434—1484）：名居仁，字叔心，号敬斋，饶之余干（今属江西）人。明朝理学家。

⑤贾似道（1213—1275）：字师宪，台州天台（今属浙江）人。南宋理宗时权臣。德祐元年遭罢官，贬逐，为监送官郑虎臣擅杀于漳州。

⑥翁合：南宋官员、学者。字叔备，崇安（今福建武夷山）人。官著作郎。

释义：

如果说上两段说的是教什么的话，这一段则说的是怎么教。《小学》《童蒙须知》及各种斋规学规，都有怎么教的劝诫。最要紧的是："务要切实体贴，就其身以开导之，即事论事，迎其机以点出之，时其动息而张弛之，慎其萌蘖而防范之。"还要"反覆晓告，恳切开谕，以发其心志，而责之以必为"。说白了就是从小严格培养，务必使之成为一个合格的少年儿郎。否则，"蒙养既失，习成难转"，长大就不好说了。

习成难转，有两种情形，一种是，"记得甚多，讲得甚精，作得甚妙，只工纸上之谈，而实于其身，曾不得几字受用"。严格说，在这还不是最坏的情形。只能说没有学好，也许是脑子笨，也许是虚荣心强，好装模作样。最坏的是南辕北辙，完全背离了学习的宗旨，走到坏道上去。这种人的表现是，放纵自己的私欲，文过饰非，败坏伦常，祸乱礼俗，认为守古道是迂腐，坚执礼仪是顽固，讲究廉耻是矫情。这样的人，不是读圣人的书，简直就是侮辱圣人，连识字都谈不上，怎么能说他们是在读书呢！

要着重说的是第二段。在原书中，这是龙炳垣先生的评点，比上文低一个字。在龙先生的评点中，这一段够长的。可见，他是觉得上文之说，有未尽之意，或者是，他对童蒙教养，感慨良多，要多说几句。可能是怕空说道理，不免苍白，龙先生说了个历史上的故事，南宋奸臣贾似道的故事。贾似道贬徙建宁事，《宋史·贾似道传》有载，也有翕和的谏言，但没有最为痛快的那两句话："似道以妒贤无道之林甫，辄自托于伊周；以不学无术之霍光，敢效尤于莽操。"有这两句话的记载，见元代人刘一清编撰的《钱塘遗事》。龙先生的转述稍嫌简略，我们还是将《钱塘遗事》上的记载转述如下：

德祐元年七月十二日，朝臣上奏，说贾似道丧师误国。内廷批下来的话是："贾似道专权误国，得罪公论。吾以其历事三朝，近尝许以终制，不欲已甚。合台露章未已，更与降三官，改徙邻郡，少弭人言。"准备把贾似道贬徙到婺州，婺州的士人听说了，马上张贴露布表示反对，朝廷只好改徙建宁。朝臣中有个叫翁合的人，当即又上奏，先说："贾似道以妒贤无比之林甫，辄自托于伊周。以不学无术之霍光，敢效尤于莽操。其总权罔上，卖国召兵，专利虐民，滔天之罪，人人能言。"让他"仅谪建宁，虽国家之典宪未伸，而朝廷之意向稍白”。接下来说：“臣切伏惟建宁实朱子讲道之阙里，虽三尺童子粗知。向方闻似道且呕恶唾去，况可见其面？”“与之同中国且不可，而可一日同此乡哉？必放之此乡，此乡亦复何罪？”最后说：“乞将似道远窜深广以伸国法，以谢公论。”皇上知道众怒难犯，又下旨，将贾似道再贬漳州，授高州团练副使。

翁合的奏章里，说贾似道品质的那两句话，真可谓痛快淋漓，直指要害。明明是个像李林甫一样妒贤嫉能的人，却将自己比作伊尹和周公那样坦荡无私，明明是个像霍光一样不学无术之辈，竟敢效仿王莽和曹操的作为。从这句话里，也可以看出，在南宋时代，人们还不把王莽曹操看得多么坏，至少也是承认他们是有真学问真本事的人。读历史书，在这些地方，要多用点心。凡事都应当有个历史眼光。比如到了中学，老师让你写一篇小文章，叫《怎样看曹操这个人》，你就可以说看了《三国演义》是个什么感觉，再查查《三国志》，知道作者陈寿是西晋人，就知道西晋时对曹操的看法，把这个例子举了，就知道南宋时人们对曹操的看法，末后举京剧《捉放曹》作例子，可看出明清之际，人们对曹操的看法。这样就可以得出一个大致的结论，历史上对曹操的看法，是有反复的。西晋时，只说不尊重皇室，挟天子以令诸侯，对他的文治武功还是肯定。到了南宋，对他又相当的尊崇。只到了明清之际，《三国演义》风行，曹操就成了一个纯粹的反面人物了。

所以在这里说这么多的题外话，是想告诉少年朋友，做学问不是多么可怕的事。只要用心，无处不可做学问。据说欧美国家的少年，在小学高年级就开始做学问的训练了。而我们的青少年，大概到了中学，还不知研究问题、做学问为何物，好像只有到大学，快毕业了，写篇学术论文，才是做学问。一个有少小训练的人，跟一个没有少小训练的人，那差别可就大了。能说从小养成研究问题、做学问的功夫，是不重要的吗?

翁合的奏言里,说“建宁,实朱子讲学之阙里,虽三尺童子,亦知向方。闻似道名，咸欲呕唾，况见面乎？”这里的“阙里”,特指孔子的讲学地,也是孔子的故里。就是现在曲阜城里,建有孔庙的地方。这里借用来指朱熹曾在建宁讲学。下一句是的“向方”，原意是“崇尚正道”的意思，这里指正直的人。

引用了这个故事，龙先生想说明什么道理呢?他在强调学习的重要性，不要看不起整天哇哇地读书，以为这样做，对道德人心,没有什么作用。童蒙所习诵,看起来不过是词章之学,他对人的道德品质的培养,能起到潜移默化、改过迁善的作用,进而也会改变一地的风俗。且不止一时，实能及乎后世。龙先生是清末的人，他对当时建宁一带向学向善的风习，还是有所了解的。因此着重地说：况自宋讫今，数百余年，闻得婺源建宁暨漳州等处，尚不离朱子之教化焉。彼以词章科第立教者，亦曾有如是之教泽深入，令人殁世不忘者乎！然则为人师者，亦可以思返矣。

“以词章科第立教者，亦曾有如是之教泽深入”，这才是龙先生要反复叮嘱，只怕读书人忘了的。

阳城[1]为国子司业，引诸生告之曰：“凡学者所以学，为忠与孝也，诸生有久不省亲者乎？”明日，诸生谒城还养者二十辈，有三年不归侍者斥之。

夫学以明伦，伦以忠孝为重。诸生溺于词章利禄之习，久不闻此言语。阳城为师，先以至性至情之理，特地唤醒，不啻晨钟暮鼓之发人深省也。诸生还养之情，有不勃然而动者乎？凡为师者，尚其取法哉！

简注：

①阳城：字亢宗，唐代定州北平（今属河北）人，徙陕州夏县(今属山西)。世为官族,德宗时拜右谏议大夫。事见《新唐书·列传第一百一十九·卓行》。

释义：

阳城先生真是会教学生。问他的学生，有没有好久没有问候父母的。想来是快下课的时候说的,第二天学生一一报告。有二十个人能做到。也有三年没有回去过的，阳城先生斥责了一顿;斥也有斥退的意思，想来不会这么严厉。古人教学生，首先是明礼，即明确认知几种人伦关系，最重要有两项，一是孝敬父母,二是敬重兄长（兄弟）,就是孝悌之道。道理在于，这两件事做好了，到了社会上，就知道尊敬长者，又能和睦同事，在社会上就能站稳脚跟了。现在，孝敬父母还常说，敬重兄长，只怕是说也不多说了。更多的是巴结领导、谄媚同事。有这种习性的人，不妨教他一个便捷的办法，就是回到家里，把父母当作领导，把兄弟当作同事。是一种借用，也是一种练习，别把一身好功夫荒废了。不管真心还是假意，至少给外人的感觉，你还是一个孝顺儿子、有情有义的好兄弟。有识者不妨一试。

要注意的是，前一节刚说了“以词章科第立教者，亦曾有如是之教泽深入”，这一节马上就说，一个优秀的学习者，不能“溺于词章利禄之习”。也就是说，凡事都有个度，不能过了，过了也不好。谁能说古人不懂得辩证法呢？

夫學以明倫。倫以忠孝爲重。諸生溺於詞章利祿之習。久不聞此言語。陽城爲師。先以至性至情之理。特地喚醒。不啻晨鐘暮鼓之發人深省也。諸生還養之情。有不勃然而動者乎。凡爲師者。尚其取法哉。

安定先生胡瑗[1]，字翼之。患隋唐以来仕进，尚文辞而遗经业，苟趋禄利，及为苏湖二州教授，严条约以身先之。虽大暑，必公服终日，以见诸生，严师弟子之礼。解经至有要义，恳恳为诸生言，其所以治己而后治人者。学徒千数，日月刮劘。为文章皆传经义，必以理胜。信其师说，敦尚行实。后为太学，四方归之，庠舍不能容。其在湖学，置经义斋、治事斋。经义斋者，择疏通有器局者居之。治事斋者，人各治一事又兼一事，如治民、治兵、水利、算数之类。其在太学亦然。其子弟散在四方，随其人贤愚，皆循循雅饬。其言谈举止，遇之不问，可知为先生弟子。其学者相语称先生，不问可知为胡公也。

甚矣，安定先生之善为人师也。严条约以身先之，所谓以身示教也。大暑公服严师弟子礼，所谓师严然后道尊也。解经明治己治人之要义，所谓明体达用之学也。为文章传经义而以理胜之，是修辞立其诚也。信师说而敦实行，所谓心悦诚服也，抑所谓文行忠信之教也。四方归之，庠序莫容，所谓有朋自远方来之乐也。分斋习事，是圣门德行、言语、政事、文学之科也。至于见先生弟子，不问可知，则其教泽入人者深，所及者广矣。三代而下，如是之师，岂易得哉！**我辈冒为人师，无一善状及人，**

金鍼線脚分明在。要繡鴛鴦也不難。但不識天下之

深所及者廣矣三代而下如是之師豈易得哉我輩
冒爲人師無一善狀及人倘見先生豈不愧汗然而

倘见先生，岂不愧汗！然而徒汗无益也，不如学之。学之而得其全，固可以为师。即不然，而得其一二，亦不失师道之本。此真师谱也。金针线脚分明在，要绣鸳鸯也不难。但不识天下之为师者，以鄙见为是否耳。

简注：

①胡瑗（993—1059）：字翼之，泰州海陵（今属江苏）人。北宋学者，理学先驱。历任太子中允、侍讲，官至太常博士。世称安定先生。

释义：

安定先生施教的成功，在我看来，不在为何“为文章皆传经义，必以理胜”，也不在于设了治事斋，“人各治一事又兼一事”，而在于经他施教的学生，虽散在四方，不管是贤还是愚，都是循循雅饬的君子，遇见了不用问，一看言谈举止，就知道是安定先生的弟子。也就是说，他的学生，抬手动脚，言谈话语，都中规中矩，有模有样，一看就是安定先生调教出来的。有人会说，现在的学生，坐着像是坐着，站着像是站着，就不错了，哪里会有这样的师传特征，就没有这样的老师，哪儿会有这样的学生？我不这么看。中国的当代教育，是没有这样的景象了，却不能说中国的现代教育史上，没有过这样的景象。

前不久，我看过一本名为《金陵女大（1915—1951）》的图文书，是上过金陵女大附中的孙建秋女士编的，她的母亲是金陵女大的毕业生，留校任教，他的父亲也是金陵女大的教员。书中有一节为《体态周》，其中说："有人说金女大的学生连走路都是教过的。是的，千真万确，教走路是金女大新生训练的内容之一。每一学年，有一周为体态周（Posture Week）。指导老师要仔细观察每位新生走路的姿式，如果发现某位同学姿式不对，就及时帮助矫正，比如走路时习惯弓背，或肩膀向一边倾，或内外八字脚，还有脚底板平、脚弓不好等。周末，同学们排成长队，在大草坪上走过，一面有音乐伴奏，一面有体育老师检查记录，直到合格方可通过。"后来真的有人，一看某位女士走路姿式，问是不是金女大出来的，十有八九不会错。可见，不必在古代，现代的学校办好了，也能做到这一点。走路不过是个习惯，非挟泰山以超北海，连为长者折技都谈不上，真正是非不能也，实不为也。

文中"金针线脚分明在，要绣鸳鸯也不难"，系化用元好问的诗句。原诗为元氏《论诗》三首之三，全诗为："晕碧裁红点缀匀，一回拈出一回新。鸳鸯绣了从教看，莫把金针度与人。"

明道先生言于朝曰："治天下以正风俗、得贤才为本，宜先礼命近侍贤儒，及百执事，悉心推访有德业充备，足为师表者；其次有笃志好学，才良行修者，延聘敦遣萃于京师，朝夕相与讲明正学。其道必本于人伦，明乎物理，其教自洒扫应对以往，修其孝弟忠信，周旋礼乐。其所以诱掖激励，渐摩成就之道，皆有节序。其要在于择善修身，至于化成天下，自乡人而可至于圣人之道。其学行皆中于是者为成德。取材识明达可进于善者，使日受其业。择其学明德尊者，为大学之师，次以分教天下之学。择士入学。县升之州，州宾兴于太学，太学聚而教之。岁论其贤者能者于朝。凡选士之法，皆以性行端洁，居家孝悌，有廉耻礼让，通明学业，晓达治体者。”

后之学者，不读此段议论，不知此段道理，不能如此做人，遂冒焉欲为人师，吾不知以何者为人所师也。或曰，此明道论朝廷择师延儒之法耳，与做师者何涉？而不知其皆为做师者说法也。吾故不以为择师之法，而以为做师之谱。

释义：

明道先生这段话，说的是怎样培养优秀的教师，又怎样一级一级地选拔优秀的学生

後之學者。不讀此段議論。不知此段道理。不能如此做人。遂冒焉欲爲人師。吾不知以何者爲人所師也。

予以培养，成为朝廷可用的人才。须注意的是，其培养教师之法，意是“自洒扫应对以往”。按我们现在的理念，选拔已那么严格，要么是“德业充备，足为师表者”，要么是“笃志好学，才良行修者”，聚集京师之后，该是怎样加强理论修养、提高业务能力的事了。而明道先生不急当急之务，反说要从洒扫庭院、日常应对做起，真是够迂的了。殊不知，这正是明道先生的高明之处。一个人，要修持自己的品性，必须从具体的小事上做起，才是真正的修持。

说到这儿，不妨说个小故事。某年我去一所大学讲演。接待我的一位朋友带我参观校舍，看了图书馆、阅览室，还看了学生公寓。说学校的公寓，管理怎样的现代化，连楼道都有专人清扫。事实上，我们走进楼道时，也确有一个女工在擦拭楼梯。这跟我在“文革”前上大学的情形，完全两样。我们那时，宿舍的楼道，是各个房间轮流打扫的。现在的学生，真是够幸福了，我一边赞扬，一边随口说，古人说的黎明即起，洒扫庭院，不光是一种劳作，也是一种享受，更是一种品德的训练。陪同我的朋友，很是赞同，说学生还是应当打扫卫生的。后来我又说，如果学生从小学到大学，都这样不打扫卫生，那么，将来谁来做公寓里的清洁工呢？说不定还要开个清洁工培训学校。

在这方面我是有体验的。我的老家，在晋南农村，我小的时候，祖父在镇上工作，父亲在外省工作，家里是祖母当家。母亲也在家里，我还有个比我大两岁的哥哥。每天放学回家，天黑之前，我与哥哥，都要扫院子与门前。若是假期，早上也要扫一遍。小孩子总是没有耐心，见大人不注意，动作就快一点，祖母总是严厉地斥责我：扫地一定要压住笤帚，一下一下挨着扫，角角落落都要扫到。多少年后，我扫家里的地板，还能想起祖母的话。这里我不想做过多的联想，过多的联想，有附会的嫌疑。但我敢说，一个孩子，会了怎样扫地，只要他有足够的聪明，做别的事，也会有条理、有耐心的。不是说全部，是说，可以增加那么一点点。而条理与耐心，一个人比另一个人多一点点，就是一种绝大的本钱。

陆清献公示赵生云："不佞年来为此间诸生讲书，句句欲引他反入身心上去。大段意思，是要针砭学者，书自书我自我之弊。"又云："古人教人读书，只欲将其圣贤言语，身体力行，非空读也。凡日间一言一动，须自省察，曰：'此合于圣贤之言乎？不合于圣贤之言乎？'苟有不合，须痛自改易，如此方是真读书人。"

人能体陆公教人之法以为法，使学者皆知读书做人非两件事。所读之书，即做人之法，原是一串，则其所成就者大矣。生徒纵不能得科第，亦何损哉！

释义：

书自书，我自我，原是读书人的通病，无人无之，端看病有多深而已。是病也不是什么病。若读了什么书，马上就人能體陸公教人之法以爲法。使學者皆知讀書做人。非兩件事。所讀之書。卽做人之法。原是一串。則其所成就者大矣。生徒縱不能得科第。亦何損哉。

成了什么人，也太可怕了。有人说读了一本坏书，马上就成了坏人，那也太看重书的作用了。读书是个慢慢浸润的过程，寓于目，记于心，见于行，非一日时之功也。龙炳垣先生此书，用意甚好，而行文颇有可疵议者。每说一句，就说某公会读什么书，所以才做了什么事，把读书的功效也看得太容易、太切近了。多少年前，全国都学“毛主席语录”，还要开讲用会，会上最常见的说法是，读了某段语录，思想觉悟就提高了，于是便做了某件好事。说者只管说，信的怕没有几个。但这也不能说，读书就没有作用。正确的做法应当是，认真地读书，遇到能让自己憬然而悟的地方，省察自己为人行事，进而省察自己的思想观念，并在日后的工作与学习中，有所长进。这一点，对青少年，尤为重要。龙先生的做法，是有他呆板的地方，但他的良苦用心，我们还是要深深体味的。

吕新吾[1]《社学要略》云："自教化陵夷之后，举世不知读书为何事。

师弟相督，父子相传，不过取科第、求富贵而已。今选社师，务取四十以上，良心未丧，志向颇端之士，不拘已未入学者二十余人，掌印官馆之文庙，饩以日食。先教以讲解《小学》《孝经》，及字学反切[②]。一年之后，如果见识近正，音韵不差，文理粗通，讲解亦是者，掌印官下学考试，择其堪以教人者，查有社学，挨次拨发。"

印官要如此选师，学者要如此为师。而今不然，印官以社学做人情，随亲友滥求而与之，故其为师者以社学为鱼盐之薮，空食馆谷，厌薄村童，以苟且了事，甚有终年不入馆者。周子[③]曰："师道立，则善人多。"今将若之何！

又云：每读书，令童子向自家身上体贴。这句话，与你相干不相干；这章书，你能学不能学。仍将可法可戒说与两条，令之省惕。他日违犯，即以所读之书责之，庶几有益身心。

此岂但小学之师如是，大学之师尤宜奉行也。

此豈但小學之師如是大學之師尤宜奉行也。

简注：

①吕新吾：吕坤（1536—1618），字叔简，一字心吾、新吾，自号抱独居士，河南宁陵人。明朝文学家、思想家，刚正不阿，为政清廉，与沈鲤、郭正域被誉为明万历年间天下"三大贤"，主要作品有《实政

录》《夜气铭》《招良心诗》等。

②反切：用两个汉字合起来为一个汉字注音的方法，即用前一字的声母与后一字的韵母相拼读出被注字的字音。是中国传统的注音方法，有时单称“反”或“切”。

③周子：周敦颐。

释义：

“自教化凌夷之后，举世不知读书为何事”，这句话，听着多么耳熟，似乎昨天刚听人说过，当然不会是这样浅近的文言文。或许还听过：“现在哪有真正的读书人！”这可是当今的话语了。又听说过：“古人那才叫真正的读书！”吕新吾先生是明朝万历年间的人，距今四百多年，该算古人了吧。何以古人也有这样的浩叹？还是让我把话挑明了吧，读书这个事，什么时候都没有好过——好了还要再好，就好比家长对孩子的要求，总是嫌他还不够好。还可以这么说，什么时候会读书，读成书的人都是少数，而这少数又是从大量的读书人里冒出来的，这样一来，感叹世风之下，感叹教化陵夷，举世不知读书为何事，督促世人努力向学，也就成了明达之士的社会责任。

吕新吾先生的《社学要略》，主要内容是指导乡村学校的教师如何循循善诱教好学生，比如其中说：“每遇童子倦怠懒散之时，歌诗一章。择古今极浅、极切、极痛快、极感发、极关系者，集为一书，今之歌吟。”这里说的选拔乡村教师的办法，是该书的第一条。文中“掌印官”，当指县里教谕一类的官员。“馆之文庙”，就是集中在文庙学习。上文中“不拘已未入学者”的“入学”二字，指生徒或童生经考试录取后，进县、州、府学读书。也就是说，不管入没入过官府的学校，有相当文化水准的人，经过短期训练，其中优秀者，就可以去做乡村教师了。

最让我感兴趣的是这样一句话：“读书，令童子向自家身上体贴。”这话说得太好了。体贴这个词儿，平常多用在对人的关怀爱护上。这儿将之用在读书上，就是说，凡读到好的词章，一定要像爱它一样，往自己身上体贴一下。不是光读出声音，记住意思，而是要细细地体味书中的精义，与自己的思想情感化为一体。只有这样，才可说是真的读进去了，读出滋味了。

杨文公家训云：**“童稚之学，不止记诵。养其良知良能，当以先入之言为主。日记故事，不拘古今，必先以孝弟忠信礼义廉耻等事，如黄香扇枕、陆绩怀橘、叔敖阴德、子路负米之类，只如俗话讲说，便晓此理。久久成熟，德性若自然矣。”**

俗师教蒙童，不先与讲明此等故事，而以诗赋作料教之，是导以浮薄之习，锢其良知良能也。误人子弟，冥然罔觉，可叹也夫。近有《养蒙善偶》，联孝弟故事数百对，为蒙师者，取备案头。日为童子讲二三对，庶几有益天良。

徒省斋有《砚田换骨金丹》一书，痛惩师道不明，欲崇本抑末，而历举古今为师，得失善恶有恶之报，应唤醒痴迷。普愿仁人君子，印送流传，有益师长，有益子弟，并有益于国家之学校，与夫天下之人心风俗也。

释义：

杨文公即杨亿，这里说的，是一种童蒙教育的方法。具体地说，就是先要“养其良知良能”。办法是，选些关于礼义廉耻的故事，讲给孩子们听。讲不了礼义廉耻故事的，讲些因果报应的故事也行。举的四个例子里，黄香扇枕、陆绩怀橘、子路负米，均见《二十四孝图》不赘。叔敖阴德的故事，见汉代《新书》卷六《春秋》。原文为下：孙叔敖之为婴儿也，出游而还，忧而不食。其母问其故，泣而对曰：今日吾见两头蛇，恐去死无日矣。其母曰：今蛇安在？曰：吾闻见两头蛇者死，吾恐他人又见，吾已埋之也。其母曰：无忧，汝不死。吾闻之，有阴德者，天报以福。人闻之，皆谕其能仁也。及为令尹，未治而国人信之。这里的阴德，意指暗中做下的有益于他人的事。据说这种好事做得多了，会有好的报应。因此民间有劝人“积阴德”的说法。

路負米之類。只如俗話講說。便曉此理。久久成熟。德性若自然矣。

楊文公家訓云童稚之學不止記誦養其良知良能當

文中提到的采用《养蒙善偶》里，关于孝悌故事的对子，教育童蒙的办法，是可取的。这不光是一种道德的教育，也是一种文化与文学的教育。说它可取的原因有二：一是它便于记诵，可了解许多名物典故，二是它能培养学生的语感，能加强组词造句的功夫。有心的家长，不妨试试。

吕泾阳[①]云："士人若见用，则百姓受些福。倘不见用，与乡党亲朋子弟，上者讲些学术品行，次者讲些阴骘报应，化得多人，都是事业。方不愧读圣贤书，与上天生我这点灵秀，赋我这点聪明。"

嘉庆初年，蜀中教匪猖炽，适学院陈钟溪[②]先生，按临潼郡岁试。诣明伦堂讲书毕，遽云："教匪滋事，皆因尔等秀才不好。"众闻而甚骇之。徐云："**士为四民之首，读圣贤书，当体贴圣贤之意。既为秀才，即当教愚化贤，培成一个好世道。尔等一进学之后，便自诩得意，不守卧碑[③]，狂言乱行，骚动人心，把世道都着你们弄坏了。**"

士居四民之首，即有不容己于四民之故，非偶然也。盖四民受天地之中以生，皆有可圣可贤之质。苟无所观法，则其心愦愦，为善不足，而为恶有余。士居乡邑，人所仰望，且与四民最相亲近，故其是非邪正，一视士为转移。然则为士者，或居乡或处馆，务存一成己才不好，眾聞而甚駭之。徐云，士爲四民之首。讀聖賢書。當體貼聖賢之意。既爲秀才。即當教愚化賢。培成一個好世道。爾等一進學之後。便自詡得意。不守臥碑。狂言亂行，騷動人心，把世道都著你門弄壞了。

成物之心，欲立欲达之志，言必忠信，行必笃敬，劝人为善，戒人为恶，肫肫切切，行之勿懈，于是四民有所瞻仰。凡士之所不言者，多不敢言，凡士之所不行者，多不敢行。忤逆暴慢骄奢淫逸之习渐消，孝弟忠信礼义廉耻之行渐起，此士之事业也。此好秀才培出之好世道也。昔范文正公做秀才，便以天下为己任，原有此一段大学问、真事业。在平时非空存大志期之异日，而目前全无事业也。愿与天下士商之，更愿与天下士之为人师者商之。

为师不与人讲圣贤大学之道，虽才储八斗，学富五车，只算一个书痴，何益于世?

为师讲文不讲行，虽自己硁硁自守，而善不及人，只算自了汉。

为师一味忠厚，犹官吏之尸位素餐也。姑息养奸，至有偷鸡盗笋宿娼留赌，欺愚陵弱之习流播于外，而识者有风俗之忧。

为师不能整齐一馆之子弟，则异日何以居民上也。

为师把持公门，武断乡曲，颠倒是非，钻营名利，不必出仕而已，大奸大恶，欺君虐民。

为师只责生徒为善，不责自己为善，亦是其身不正，虽令不从。

为师不敬天地，不礼圣贤，不循规矩，不慎言动，即是名教罪人。

为师受人馆谷修金，诲文不诲行，尚属虚縻。

简注：

①吕泾阳：吕坤。

②陈钟溪：生平不详。刘大观《宋思堂诗序》开头说他："先生校士西蜀，严于甄核，收尽一时之豪隽。"

③卧碑：明清时代，政府教育机构颁布给生员的为人行事的准则。肇始于明洪武二年，由礼部诏令各处孔庙，在明伦堂之左侧，立一碑石，上刻学规若干条。

為師不敬天地，不禮聖賢，不循規矩，不慎言動，即是名教罪人

释义：

看过这几段文字，不能不为龙炳垣先生弘扬师德师业的精神所感动。本章起初还只是说当教员的要负起责任，怎么教好学生，说着说着，教员责任越来越大，负有教育之责的人也越来越多。你看这几段文字，先是说那些没有出去当官的士人，平日千万不要闲着，要利用自己的身份，跟亲朋乡党聊天时带便做些教育民众的工作。遇上聪明的，就讲些学术啊品行啊一类的话，遇上不太聪明，可以讲些因果报应的事，使之做事时知道敬重和收敛。这些不可视为无关紧要的事，乃是敦品行厚风俗，改变一个地方精神面貌的大事情。陈钟溪先生给临溪郡的生员讲的那一席话，初听没什么道理：教匪猖獗，朝廷和地方政府都没办法，怎么能将责任推到读书人的身上？细想一下，却不能说全无道理。士为四民之首，本身就有教愚化贤，敦厚风俗的责任。地方上出了这样有伤礼教、有伤风化的事，怎么能说尔等秀才没有责任呢？你看他说得多恳切："既为秀才，即当教愚化贤，培成一个好世道。尔等一进学之后，便自诩得意，不守卧碑，狂言乱行，骚动人心，把世道都着你们弄坏了。"

陈钟溪先生说"教匪滋事，皆因尔等秀才不好"，如果说还有几分突兀，几分幽默，接下来龙炳垣先生的评点，就把这个道理说透了。你看他说得多中肯，士为四民之首，就不能把自己看作普通的四民，要起到四民之首的作用。普通人，生于天地之间，都有可以做圣人做贤人的资质。能不能做成，关键在于他们能否看到现实的榜样。若看不到，糊里糊涂，不知所从,为善不足,为恶有余。这时候,士的作用就显示出来了。因为士人就居住在乡邑，跟普通人最为亲近，且受到他们的尊敬。他们的是非正邪，全以士人的做法为转移。这就要求，作为士人，不管你是在乡下居住，还是在人家教书，一定要有成全自己也成全他人的想法、不光自立也要闻达的志向，言语要忠信，行为要诚敬，经常劝勉他人多行善，告诫他人莫作恶，真诚恳切，坚持不懈。这样老百姓才有可资瞻仰的榜样。士人不说的话，多半不敢说，士人不做的事，多半不敢做。忤逆暴慢骄奢淫逸的旧习气，就渐渐消逝了，孝弟忠信礼义廉耻的新风尚，就渐渐兴起了。这是士人的事业，也是好秀才培育出好世道的道理。过去范仲淹老先生做秀才时，便以天下为己任，原就是存有这一段大学问、真事业。作为一个优秀的读书人，平时不能空存大志说往后要怎样怎样而看不到眼前的事业。

没有说出的话是：教化乡人，引领世风，是士人不能推脱的本分。

后面列出的八条，都是对做教师的最好的劝告与警示。不必一一叙说了，只合起来说说第二条与第三条。

这本书里，能看出，龙先生是个有强烈社会责任感的人。他理想中的读书人，不光是学问好，德行好，还要有正义感，敢作敢为。这样说，有点不妥当。龙先生说的德行好，就包括了正义感，敢作敢为。那种只求学问好，在德行上，只求自己不做坏事就行了的，龙先生认为只能算个善不及人的自了汉。说的不好听点，跟官吏的尸位素列没有区别。

“自了汉”这个词儿，现在不多说了。过去，是个平常词儿。胡适曾多次将一个前辈说的一句话转赠年轻朋友：“千万不要做个自了汉。”

对自了汉，我们要分析，不能一味指责。先得承认，这样的人不是一无是处，他有他的优点，就是能自我约束，不做坏事。然后再说，这样的人有什么缺点。缺点就是，没有责任感，没有担当。若平平安安一生下来，还看不出什么，可是，这世上，几个人能平平安安一生下来？一旦遇上个关乎声名品节的事，自了汉们往往就难以自持了。这就像一个在江河游泳的人，你不可能老是一动不动地浮在水面上，你得不停地游动，才能免于沉下去或是叫水冲走了。

龙先生讲的为师的道理，也是为人的道理。这八条，都该细细品味，若愿意，也可以跟自己平日的为人行事对照一下，看哪些做到了，哪些上头尚有不足，哪些过去连想都没有想过。

拾壹 杂记

唐定铨注法[1]，刘晓上疏曰："礼部取士，专用文章为甲乙，故天下之士，皆舍德行而趋文艺。有朝登科甲，而夕陷刑辟者，虽日诵万言，何关理体，文成七步，未足化人。取士以德行为先，文艺为末，则多士雷奔，四方风动矣。"

裴行俭[2]有知人之鉴。王勃、杨炯、卢照邻、骆宾王，皆以文章有盛名。李敬玄[3]尤重之。行俭曰：**"士之致远者，当先器识而后才艺，勃等虽有才华，而浮躁浅露，岂享爵禄之器耶！"**

武后策贡士于洛城，薛光谦[4]曰："选举之法，宜得实才。取舍之间，风化所系。今之选人，咸称觅举，奔竞相尚，喧诉无惭，至于才应经邦，惟令试策，武能制敌，止验弯弧。昔汉武见司马相如赋，恨不同时，及置之朝廷，终文园令，知其不堪公辅也。吴起将战，左右进剑，起曰："将者提鼓挥桴，临难决疑，一剑之任，非将事也。然则虚文岂足以佐时，善射岂足以制敌，要在文吏察其行能，武将观其勇略，以居官之臧否，行举者之赏罚而已。"

简注：

①铨注法：关于官员考选录用的法律。

②裴行俭（619—682）：唐高宗时大臣，绛州闻喜（今山西闻喜东北）人。官至礼部尚书兼右卫大将军。

③李敬玄（615—682）：亳州谯（今属安徽）人。博览群书，尤善五礼。历迁弘文馆学士、太子右庶子，监修国史，后贬

章有盛名。李敬玄尤重之行儉曰。士之致遠者。當先器識而後才藝。勃等雖有才華。而浮躁淺露。豈享爵祿之器耶。

为衡州刺史，稍迁扬州大都督府长史。

④薛光谦：应为薛谦光。唐常州义兴（今江苏宜兴）人。曾任太子宾客、昭文馆学士。

释义：

《杂记》为本书的最后一章，仍是《师谱》的办法，逐段排列下来，不再分节。也仍像《师谱》那样，隔上几段，略加评点，以显眉目。我们应对的办法，只能是在龙先生间隔太大的地方，再间隔一下，显得我们比龙先生聪明一些，或者愚蠢一些——总之是有所不同。

这三段，说的都是选拔人才要看真本事，不能光看他的诗文做得怎么样。唐代的时候，定立铨注法，刘晓先生一眼就看出了这一立法的弊端，太偏重文艺才能，不看德行怎样。这样立法，后果很严重：天下的士人，都不注重德行的培养，而偏爱舞文弄墨。甚至有的，早上中了科甲，傍晚就叫关进监狱判了刑。这样的人，就是一天能记诵万字长文，和法理体制有什么相干？就是走上七步能做一篇文章，于社会风气教化有何补益？应当说，仅从道理上讲，刘晓先生是对的。问题在于，文艺才能还可以考查，而德行，若无特别的坏事或好事，是很难考察的。以此责备铨注之法或立铨法之人，实在没有多少道理。是不是这样较为稳妥？就是作一番考察，若无重大的德行上的毛病，还是应当“用文章为甲乙”。将来德行上出了大毛病，自有法律伺候。只是根据一些小小的征候，更铨定某人为贤良，某人为顽劣，那才是真正可怕呢。这样看来，龙先生举的裴行俭论王杨卢骆这个例子，就大可考究了。先看这四个人，究竟算是哪一类人。除了骆宾王后来参与过徐敬业的讨武兵变而外，其余三人，都没做过大官，也没做过什么坏事，只能说命运不济，或早死（王勃），或贬黜（杨炯），或病废（卢照邻），应当同情才是，怎么能说“岂享爵禄之器耶”？这话，不管说在四人未出事之前，还是之后，都是有失厚道的。杜甫《戏为六绝句》中有一首，专门说这事的，诗曰：“王杨卢骆当时体，轻薄为文哂未休。尔曹身与名俱灭，不废江河万古流。”诗中“轻薄为文”之嘲，说不定正是由“浮躁浅露”而来，这么说，活动于唐中期的杜甫先生，对初唐时期的这场文坛讼案，已给了明确的判词。

“武后策贡士”一段，薛谦光先生的议论没什么精彩的地方，举的一个例子却极为精彩，吴起将要发起进攻，跟前的人呈上一柄宝剑，吴起说：“当将军的，擂鼓指挥，临难决断，挥刀舞剑，不是将军应当做的事。”只是弄不明白，这个典故，嘗不解章句。而其重究竟在義理。先儒謂今人不會讀書。如讀論語。未讀時。是此等人讀了後。只是此等人便是不會讀。此教人讀書。識理義之道也。要之聖賢之書

为何得出“善射岂足以制敌”的结论。以薛先生的立论，“虚文”不足取，善射是一种技能，不是该夸奖的吗？真要什么都在事情的进行中或之后再判定，那怎么组织进行呢？

公允的说法是不是该是，铨注考察是必需的，尽量谨慎全面，做到知人善任，事功完满。万一有什么纰漏，也不要过分责备。这世上，谁也没有火眼金睛，能洞悉一个人的肺腑，谁也没有料事如神的本领，能准确地预知每件事将来的结局。铨注考察，能做到大致不差，或多数不差，就算不错的了。

不管怎么说，不要止于空谈，要有真才实学，要有办事能力，总是不错的。

柏庐朱先生[①]云：“读书须先论其人，次论其法。所谓法者，不但记其章句，而当求其义理。所谓人者，不但中举人进士要读书，做好人，尤要读书。中举人进士之读书，未尝不在义理，而其重究竟只在章句。做好人之读书未尝不解章句，而其重究竟在义理。**先儒谓今人**

不会读书，如读《论语》，未读时是此等人，读了后只是此等人，便是不会读。此教人读书识理义之道也。要之，圣贤之书，不为后人中举人进士而设，是教千万世做好人，直至于大圣大贤。所以读一句书，便要反之于身：我能如是否？做一件事，便要合之于书，古人是如何。此才是读书。若只是浮浮泛泛，胸中记得几句古书，出口说得几句雅话，未足为佳也。所以，要论所读之书，尝见人家几案间，摆列小说杂剧，此最自误，并误子弟，亟宜焚弃。人误看此等书，便为不祥，即诗歌词赋，亦属缓事。若能兼通《六经》，及《性理纲目》《大学衍义》诸书，固为上等学者。不然亦只是朴朴实实，将《孝经》《小学》《四书本注》[②]，置在案头，常常自读，并教子弟勤读，即与讲明，使之身体力行，难道不成就个好人，难道不称为自好之士？究竟真能读书，精通义理，世间举人进士，舍此而谁？不在其身，必在其子孙。”

简注：

①柏庐先生（1627—1698）：朱用纯，字致一，号柏庐，明末清初江南昆山（今属江苏）人。清代著名理学家、教育家。所著《朱柏庐治家格言》，世称《朱子家训》，流传甚广，影响极大。清至民国年间，一度成为童蒙必读课本之一。

②《四书本注》：疑为《四书补注》。

释义：

朱柏庐先生，在清中期到民国初年，应当是家喻户晓的人物，但凡读书人家，谁没有读过《朱子家训》，或是让弟子读过《朱子家训》？就是现在，一些精辟的治家格言，有人不时还挂在嘴上，只是未见得知道出于朱柏庐先生笔下罢了。比如好多人常说的“一粥一饭，当思来处不易；半丝半缕，恒念物力维艰”，就是《朱子家训》中的一句。一个人编了这么一本书，广为流传，益于世道，滋润人心，真可说功德无量了。

这一段文字颇长，道理也是拐着弯儿讲，不小心就叫绕了进去——该是绕了出去，不明其所以然。看头一遍，想找个纰漏说道说道，看第二遍又找不着了，再看第三遍，竟只有佩服。好多人讲要真正的读书，明白圣贤之道，身体力行，才是做人的本分，不能说没有道理。可是接下来的一个问题就来了，就是我们读圣贤书，不存非分之想，只求做一个好人，那些举人、进士的名分让谁去得去，人世间的荣华富贵让谁去享去？当先生的若是说，让不读书的人去享去（富贵），让读得不好的人去得去（功名），那么我们这些努力读书的人，肯定要齐了嗓子喊：“我们不读书了，我们也要去享去！”道理明摆着，三更灯火五更鸡，家里破费钱财自己贴上辛苦，不光是为了当个好人、有学识的人，也是为了家庭的荣耀、个人的事业，现在你说这些全与读书好坏无关，谁还肯破这个钱财，谁还肯下这个辛苦？

柏庐先生的聪明在于，劝你读书时，不觉高蹈，但劝到动情处，没有一样不是贴着心儿为你考虑。你看他，一起首说“读书须先论其人，次论其法”，法是什么，人是什么，依次讲来，归到会不会读书上。当然今人都是不会读书的（这一点跟近几十年中国人思维模式正好相反，我们总是说今人如何的英雄好汉，古人如何的草包笨蛋）。为什么呢，先儒说过且举了例子：比如读《论语》，未读时是这样的人，读了之后，还是这样的人，便是不会读书。想想，若用这样的标准衡量，谁也不敢说自己是个会读书的。但看他下面的办法，似乎要做到这一层也不难，这便是，“读一句书，便要反之于身：我能如是否？”不光读书是这样，做事也要联想到读过的书，“合之于书，古人是如何”。能这样由读书到做事，再由做事到读书，往复不已，逐渐加深体会，才是真的会读书。

还有更具体的办法，几案上摞的小说杂剧之类的书，赶快烧掉，诗歌词赋，也暂且别看。这样苦读几年，成不了上等的学者，也会成为一个正正经经的读书人。精通理义，品行优良，到了这个分儿上，结果出来了：“世间举人进士，舍此而谁？不在其身，必在其子孙。”道理讲得这么透辟，这么实在，谁还想不通好好读书的道理，谁还不肯夜点明灯下苦功好好读书？

假若世间的家长，明白了这个道理，待孩子稍大点，给孩子讲清这个道理，没有不懂得的。还要记住，讲的时候，也一定要用朱柏庐先生讲道理的方法，一步一步往前推，一层一层往深处引。贴着感情讲，贴着实际讲。这样的道理，这样的讲法，到了懂事年龄的孩子，很少有听不懂的，很少有做不到的。至于长大后是个什么样子，那是另一回事，不是这里能讲得清的。

只有一点，我要为朱老先生做点修正。

朱老先生对小说杂剧这类闲书，太厌恶了，以为不祥，应当烧掉。连带的对诗歌词赋这类文艺书，也看不上眼，以为即便该读，也应当从缓。

我不这么看。古代的事不说了，说现代的。我以为，看这类书与学习课本，分清主次，合理分配时间，就行了。若说全不看，也不对。道理在于，现在的孩子，大约从两三岁起，就养成了看儿童读物的习惯。上学之后，这样的阅读习惯，分向两个方向发展，一是学习课本，一是看课外读物。若不看课外读物，等于是将原先养成的阅读习惯，废掉了一半。这是其一。其二是，读课外书，亦是增进知识、培养品德的一个重要途径。几乎可以这样说，一个孩子，有没有阅读课外书的兴趣，是对他的学习好坏的一个测定，也是对他的智力水准的一个测定。爱读课外书的,多半能应付了学校的功课，还有广泛的求知兴趣。当家长的，若发现孩子有这方面的爱好，千万不要厉声呵斥，不要强行阻挡，要知道，这样的爱好，常是刻意培养都不一定能培养出的，怎么忍心将之扼杀掉?正确的办法是，和婉地引导，让他学好功课，做好作业，合理地分配时间，看课外书，但不要沉溺在课外书之中。

陆清献公云：“圣贤之学不贵能知而贵能行。须将《小学》一书，逐句在自己身上省察，日用动静，能与此合否，尚有不合，便愧耻，不可以俗人自待。”

又示席生云：**“所望者要将圣贤道理身体力行，不要似世俗只作空言耳。《小学》不只是教童子之书，人自少至老，不可须臾离也。故许鲁斋[1]终身敬之如神明。”**

又与曾叔祖蒿庵公云：“侄孙教子之念与他人异，功名且当听之于天，但必欲其为圣贤路上人。望时时鼓舞其志气，使知有向上一途。”

又示席生云所望者要將聖賢道理身體力行不要似世俗只作空言耳。小學不只是教童子之書。人自少至老。不可須臾離也。故許魯齋終身敬之如神明。

简注：

①许鲁斋（1209—1281）：许衡，字仲平，号鲁斋，怀州河内（今河南沁阳）人，宋元之际的理学家、教育家。官至集贤大学士兼国子祭酒，承宣教化，不遗余力。谥文正，封魏国公。

释义：

陆清献公和许鲁斋先生都这么看重

《小学》一书，是有道理的。

《小学》是朱熹和他的弟子刘清之合编的一本童蒙教育课本。分内外篇。内篇四个纲目，分别为立教、明伦、敬身、稽古。外篇两个纲目，分别为嘉言、善行。可说是一部古代的为人行事守则，也可说是一部古人的嘉言懿行录。关于本书的编辑宗旨，朱熹在《小学序》里，有明确的告示。他说：

> 古者小学，教人以洒扫、应对、进退之节，爱亲、敬长、隆师、亲友之道。皆所以为修身、齐家、治国、平天下之本，而必使其讲而习之于幼稚之时。欲其习与智长、化与心成，而无扞格不胜之患也。今其全书虽不可见，而杂出于传记者亦多。读者往往直以古今异宜，而莫之行。殊不知其无古今之异者，固未始不可行也。今颇搜辑以为此书，授之童蒙，资其讲习，庶几有补于风化之万一云尔。

细细看书中的条目，内篇的立教、明伦、敬身部分，多选自古代的经典，如《礼记》《论语》等，稽古部分，多选自史书。外篇的嘉言、善行，多选自杂记类史书。

这本《小学》，通常叫《朱子小学》。《读书做人谱》里的许多事例，都是从这本书里选录的。

《朱子语类》里也有一卷叫《小学》,跟这个《小学》一样，也是搜录古人言行编的，只是篇幅要小得多，有人叫它“短小学”。这个《小学》里，真正如朱熹所说，是从洒扫、应对、进退这些地方，教小孩子如何做人的。比如古人到了冬天，是要生火取暖的，如何添炭拨火呢，书中就有一则：

小童添炭，拨开火散乱。先生曰："可拂杀了，我不爱人恁地，此便是烧火不敬。"所以圣人教小儿洒扫应对，件件要谨。某外家子侄，未论其贤否如何，一出来便齐整，缘是他家长上元初教诲得如此。只一人外居，气习便不同。（义刚）

再如读书，何处断开，书有两则说到：

教小儿读诗，不可破章。（道夫）

先生初令义刚训二三小子，见教曰：授书莫限长短，便文理断处便住。若文势未断者，虽多授数行，亦不妨。盖儿时读书，终身改口不得。尝见人教儿读书限长短，后来长大后，都念不转。（义刚）

看看这些，给人的感觉，古人是强调圣贤之道多了些，但他们教小孩子，确确实实是把小孩子当小孩子教，且是当作自家的小孩子在教。内容考虑得细致得体，文章选择得恰如其分，不能不叫人佩服得五体投地。现在的课本，不能说有多么大的不是，只是少了"体贴"二字。

这节文字里，最重要的是，"时时鼓舞其志气，使知有向上一途"。

王朗川云："立朝不是好官人，由居家不是好处士。平素不是好处士，由小时不是好学生。"学生不好，罪在师长。师之关系，岂浅鲜哉。

《颜氏家训》[①]曰："夫所以读书学问，本欲开心明目，利于行耳。未知养亲者，欲其观古人之先意承颜，怡声下气，不惮劬劳，以致甘腝，惕然惭惧，起而行之也。未知事君者，欲其观古人之守职无侵，见危授命，不忘诚谏，以利社稷，恻然自念，思欲效之也。素骄奢者，欲其观古人之恭俭节用，卑以自牧，礼为教本，敬者身基，瞿然自失，敛容抑志也。素鄙吝者，欲其观古人之贵义轻财，少私寡欲，忌盈恶满，赒穷恤匮，赧然愧耻，积而能散也。素暴悍者，欲其观古人之小心黜己，齿敝舌存，含垢藏疾，尊贤容众，恭然沮丧，若不胜衣也。素怯懦者，欲其观古人之达生委命，强毅正直，言语必信，求福不回，勃然奋励，不可暴弃也。历兹以往，百行皆然，纵不能纯去泰去甚，学之所知，施无不达。世人读书，但能言之，不能行之，武人俗吏，所共嗤诋，良由是耳。"

未知养亲一段，欲其读书做孝子；未知事君一段，欲其读书做忠臣；素骄奢一段，欲其读书做恭俭敬礼人；素鄙恪一段，欲其读书做周急济贫人；素暴悍一段，欲其做涵养宽容人；素怯懦一段，欲其做发奋有为人；历兹以往一段，见得做人之事甚多。一一类推，皆要如此做去。即或不能尽做，将切己病痛除去些，也是学问。若读书而不会做人，反是为武人俗吏嗤笑。是读书，反不如未读书者矣，读书何为！

又云："有读书数十卷，便自高大，陵忽长者，轻慢同列，人疾之如仇敌，恶之如鸱枭。如此以学求益，今反自损，不如无学也。"

士之读书，固将使人爱敬，今乃令人疾恶，岂读书之过哉！

不会做人之过也。士可以思返矣。

简注：

①《颜氏家训》:北齐文学家颜之推所撰，记述个人经历、思想学识以告诫子孙。颜之推（531—约590以后），字介，琅玡临沂（今山东临沂）人。

释义：

王朗川先生的一席话，道理甚明。老百姓一句俗话，“什么样的地里，长什么样的庄稼”，把这个道理说透了。现代政治学里的一个命题，也与此近似：“有什么样的民众，就有什么样的政府。”可引申为，有什么样的公民，就有什么样的官吏。当然，还是王朗川先生推导得好：在朝廷不是好官的，起因于家里不是好处士；平素不是好处士的，起因于小时候不是好学生。倒过来更显豁：学校里不是个好学生，到了社会上不会是个好老百姓，到了政府里也不会是个好官员。一有贪官出来，网上常会看到有人叹息，说那人在家里可是个好学长，亲热妻子、疼爱孩子，我听了心里只有冷笑：有亲热妻子疼爱孩子的人，将他们置于如此难堪的境地的

士之讀書。固將使人愛敬。今乃令人疾惡。豈讀書之過哉。不會做人之過也。士可以思返矣。

吗？如果我们的那些犯事的贪官们，多想想老婆孩子，就不会做那么贪婪恶劣的丑事了。

这里举出《颜氏家训》里的一大段，正是要那些在德行上稍有欠缺的人，对照往代圣贤，及时弥补改正，做一个贤德之人。

我们不妨将这几条胪列如下，再依次细细体味。

未知养亲者：欲其观古人之先意承颜，怡声下气，不惮劬劳，以致甘腝，惕然惭惧，起而行之也。（这里的“以致甘腝”，是说将甜美软和的食品送给父母食用。）

未知事君者：欲其观古人之守职无侵，见危授命，不忘诚谏，以利社稷，恻然自念，思欲效之也。

素骄奢者：欲其观古人之恭俭节用，卑以自牧，礼为教本，敬者身基，瞿然自失，敛容抑志也。

素鄙吝者：欲其观古人之贵义轻财，少私寡欲，忌盈恶满，赒穷恤匮，赧然悔耻，积而能散也。

素暴悍者，欲其观古人之小心黜己，齿敝舌存，含垢藏疾，尊贤容众，苶然沮丧，若不胜衣也。

素怯懦者，欲其观古人之达生委命，强毅正直，言语必信，求福不回，勃然奋励，不可暴弃也。

细细体味这几条，胜读多少没用处的书。至于那些读了几十卷书，就自高自大，陵忽长者，轻慢同事的人，这里说他是“反自损，不如无学也”，怕不是这么简单。学了还这么不长进，不学岂不会更不长进？实在无法解释了，只好说，世界太大了，什么样的人都会有。平常人的悲剧在于，世界这么大，坏人这么少，偏偏叫我们遇上了。没办法，只好自认倒霉吧。

还有体会古人的用心。列了这么多条，每条里又有那么多项，叫人一看，啊呀，这么多，怎么个学法！与其全学不了，不如一条也不学了。古人似乎早就考虑到了这一层。只是处理的办法各有不同，各有其妙。颜之推先生的办法是，虽然我说了这么多，你不一定全认同，但是，迁善改过的道理，其实很简单，无非是“学之所知，施无不达”而已。你只要把道理弄通了，随时都会发现自己的缺点并纠正之。

龙炳垣先生离我们近些，似乎更知道今世之人的毛病，列了这么多条，要人一一对照改正，也太难为人了。个人的进步，也跟社会的进步一样，只能是一步一步的“改良”，而不能是一下子来个“革命”，且只有慢慢改良的功夫到了，人才能真的变成一个好人。他提供的办法是：“即或不能尽做，将切己病痛除去些……”意思是，拣要紧的毛病先改了。下来不言自明的道理是，要紧的毛病都能改了，剩下的小毛病，还怕你不会改吗？

两种办法，都有它的道理，一种是先提高思想认识，知道自己的毛病在什么地方，改掉也就不是什么难事。一种是，不必立地成佛，先从要紧处来，立下改正的勇气，一步一步做下去，不怕成不了个好人。

黄鹤谿云：**“人能毅然不避迂腐之名，事事从心性上体验**

黃鶴谿云。人能毅然不避迂腐之名。事事從心性上。體
驗一番。時時以前言往行相證印。久而心地光明。自有
一種和平之度。瀟灑之趣。令人敬愛。充其量。雖希賢希
聖。不過如此。迂腐云乎哉。

一番，时时以前言往行相证印，久而心地光明，自有一种和平之度，潇洒之趣，令人敬爱。充其量，虽希贤希圣，不过如此，迂腐云乎哉！”

古人吐辞为经，训行也，今之学为词章者，训言而不训行，故能文之士易求，经世之才难得。

释义：

黄鹤谿先生这段话，触到一个颇为敏感的话题，就是，许多人都存了当好人的心，只是一做事，常会被人讥为“迂腐”。有话说“善良是无用的别名”，迂腐比善良更甚，该是愚蠢的别名了。多少想当好人的人，想行善事的人，都在这道符咒面前退却了。这里黄先生说了，破解的办法倒有一个，便是：“毅然不避迂腐之名，事事从心性上体验一番，时时

以前言往行相证印。”意思就是，只管做你的好人善行，不要理睬那些败德者的聒噪。时间久了，将会有美妙的效验出现：一是心地光明。若这个效验在心里，外人看不见的话，那么，你容颜上会出现一种和平之度、潇洒之趣，令人敬爱，那就没有人看不见了。这样的容颜神态，该是人生的一个多么高尚的境界。有望成为圣人贤人的人，也不过是这副模样。到了这个时候，还怕谁再说迂腐这样的话吗？此中的道理，真是让黄鹤谿先生说透了。

从这个意义上说，读书修身，不光是心境平和的妙法，也可说是养颜健体的妙法。

吕新吾云：“圣人不作无用之文章，其论道则为有德之言，其论事则为有见之言，其叙述歌咏则为有益世教之言。”

世间事，无论巨细，都有古人留下的法程。才行一步，便思古人处这般事如何；才处一人，便思古人处这

世間事無論鉅細。都有古人留下的法程纔行一步。便
思古人處這般事如何。纔處一人。便思古人處這般人
如何。至於起居言動語默無不如此思想。久則與古人

般人如何。至于起居言动语默，无不如此思想，久则与古人稽，而动与道合矣。其要只在存心，其工夫又只在诵诗读书时，便想曰：此可以为我某事法，可以药我某事之病。则临事时，触之即应，不待思索矣。

明体全为适用。明也者，明其所适也。不能适用，何贵明体。然未有明体而不能适用者。树有根，自然千枝万叶；水有源，自然千流万派。是故日用动静，是小体用；幼学壮行，是大体用。有种讲学人不能施于有政，始知所明，不是适用之体。

释义：

道理至明，毋庸赘言。最让我觉得有意味的是这种“与古为徒”的意趣。世间事，都有古人留下的法程，不管是对事对人，每有行动，都想一下古人会怎么做。起居言动语默，无不如此，久则与古人流连一起，难以离开，任何动作都合乎道的要求了。这就叫“与古为徒”，可说是一种至高无上的人生境界。有人会说，现在哪儿有这样的人，我倒觉得，假如这样的人越来越多了，真不知道是好事还是坏事，是该喜还是该忧。生活在现世，享受着现代的物质文明，而有古人的心境意趣，能说不是一种幸福的感觉吗？只是现世的复杂与险恶，超乎古人不知多少倍，一不小心，就会陷入今人的圈套，那又是何等的悲哀！

最好的处世之道，该是有古人的心境，又不为古人的迂执所局限，有今人的机敏，又不为今人的物欲所惑乱。如何把持，那就全看你的思想境界与人格操守了。

明体与运用的关系，虽说有一致的地方，如树根之于枝叶、水源之于流派，只是强调得太多了，反而不妙。让人觉得那么高超的理论，像是为现实量身定做的，前襟宽大是为了容下那个将军肚，袖子长长的，裤腿宽宽的，是为了手舞足蹈时方便。是合身了，只是那还叫好看的衣服吗？好看的衣服不光是一种展示，也应当是一种掩饰，更应当是一种约束。掩饰你身体的缺憾，约束你的行为举止。从这个意义上理解明体与适用的关系，是不是更好些？

陈榕门[1]曰："今人每云某某长于理学，而不长于吏治，某某长于吏治，而不长于理学。不知理者，即此修己治人之理。学者，学此也，治者，即此理而举指之，并无一二之殊，何有长短之别？回思其故，此种所谓理，不过空谈性命；所谓学，不过空凿词章；所谓吏治，亦不过官常俗套，趋避陋习，理学不真，吏治亦谬。或云亦有讲学明理自不谬，而举措未能合宜者，此何以故？愚以为讲理固不谬，而或揆于理而昧于势，锐于始而怠于终，非知有未真，即行有未力耳。新吾先生论体用，而以树根水泉为喻，极为透辟。"

又曰："汲汲于富贵利达，则为愿外；汲汲于致君泽民，则为隐居求志。为大人尚志，为患所以立。孔门之陋巷而问为邦，布衣而许南面，侍坐而商富教。孟子之中天下而定四海。范文正做秀才，便以天下为己任，正皆素位中事也，与躁进讀上數段。始知天下之讀書而不會做人。不會做官者。盡被高頭講章。迂腐之言所誤。然亦由自家不會讀書。日夜勤苦。終年記誦。只欲牢記講章。話頭爲作文柱腳。其於聖賢實義。何曾理會。

者同床各梦。

读上数段，始知天下之读书而不会做人、不会做官者，尽被高头讲章、迂腐之言所误。然亦由自家不会读书，日夜勤苦，终年记诵，只欲牢记讲章、话头为作文柱脚，其于圣贤实义，何曾理会？

简注：

① 陈榕门 (1696—1771)：陈宏谋，字汝咨，号榕门。临桂(今广西桂林)人。雍正进士，乾隆时历任陕、湘、苏等巡抚，湖广总督。学识渊博，著述甚多，有《培远堂全集》。

释义：

陈榕门先生这番话，是专为读书人辩解的，义正词严，光明正大，让那些心怀叵测的人，理又不能不理，驳又难以去驳。这个道理，跟现在社会上流行的一种说法很相似，即是，知识分子没有实践经验，做不好官，管不了事儿。这种谬论，可以说新中国一建立就有了，“文革”期间最为放肆，到了畅行无阻、毫不遮掩的地步。现在的流行，可说是彼时之余波，有所收敛，但仍横行无阻。按榕门先生的论证，学理（知识）与解决实际问题（吏治）是一致的。理者，即此修己治人之理，学者，学此也，治者，即此理而举措之，并无一二之殊。当然，陈榕门先生也不回避现实，确有长于学理而不长于吏治者，也确有长于吏治而不长于学理者。问题的症结，怕不在学理亦不在吏治，而在于并未真正掌握学理，而所谓的吏治亦非真正的吏治，不过是官常俗套罢了。

依据这种学理与吏治统一的看法，陈榕门先生进而指出，一个读书人，只要有入世的心志，可做的事是很多的，既可以像孔门弟子那样，身居陋巷而问治国之策，“布衣而许南面，侍坐而商富教”，也可以像孟子那样“中天下而定四海”。这都是平民身份而可做的事，端看你有没有这样的心志，有没有这样的本事，肯不肯这样去做。

郭开符曰：“凡人立身，断不可做自了汉子。人生顶天立地，万物皆备于我。范文正做秀才时，便以天下为己任，便有宰相气象。如今人岂能即做宰相，但设心行事，有利人之意，便是圣贤，便是豪杰，为官可也，为士民亦可也。无如人只要自己好，总不知有他人，一身之外，皆为胡越，志既小，安能成大事哉！”

又曰：“士君子生天地间，须卓然自立，为君父担当宇宙，扶植纲常，倘不自振拔，听其昏惰，或沉于酒色，或逞于忿戾，或流于荒嬉，或趋于奸利，浪费精神，虚度日子，又安能做大的事业？数者之中，色欲更甚，切须严戒。若能立志，则诸班自退听矣。”

陶士行[①]曰：“生有益于时，死有闻于后。”

人苟能以孝弟忠信礼义廉耻之事，身体而力行之，则生有益于时，自死有闻于后矣。特患见识不真，立脚不定耳。

简注：

①陶士行（259—334）：名侃，字士行（或作士衡）。东晋名将。江西鄱阳人，后徙庐江寻阳（今属湖北）。先后任武昌太守、荆州刺史，后任荆、江二州刺史。精勤吏职，为人称道。是晋代著名诗人陶渊明的曾祖父。

释义：

在这里，龙炳垣先生借了郭开符先生的话，再一次提出，一个读书人断不可做个自了汉。这是因为，读书，是容易做到的，为什么读书，

安能做大的事業。數者之中。色慾更甚。切須嚴戒。若能立志。則諸班自退聽矣。

又曰士君子生天地間須卓然自立爲君父擔當宇宙

读了书做什么，却不是人人都能明白的。龙先生提出的目标，当然是他那个时代的，就是要以天下为己任，卓然自立，为君父担当宇宙，扶持纲常。用现在的话说，就是绝不能仅仅做一个好人，还要有社会责任感，为社会的进步与繁荣，为民众的幸福与安康,做出自己的贡献。他举了范仲淹先生做例子，说“范文正做秀才时，便以天下为己任，便有宰相气象。”说完马上就觉得不妥，知道宰相可不是人人都能做的，那该怎么办呢？无意间的这一探究，道理更深了一层，你听对不对:如今人哪能就做了宰相，只要你为人行事，有为别人着想的意思，就是圣人贤人了,就是英雄豪杰了。有了这样的心志,当官行，当个老百姓也行。最可怕的是这样一种人，“一身之外，皆为胡越”，只图自己好，不管身外事，没有大志，怎么能做成大事!

“一身之外，皆为胡越”，这个比喻太精彩了。胡越，指当年中国之外的少数民族，有鄙视的意味。这样说对不对，暂且不论，要说的是，当今也有这样的人，这样的心态，觉得只有自己是高尚的，别人都是未开化的野蛮人，只有自己的利益要考虑，别人都是不需要关注的化外人。这样的人，看似骄傲，看似清高，实则是最没有见识，也最没有出息的。说是自私，都轻了点。

在做人应戒除的几个毛病中，龙先生认为“色欲更甚，切须严戒”。不管什么毛病，只要真的立下大志，都会乖乖地退下去。

“生有益于时，死有闻于后”，这两句话，可说是对天下读书人最切实的告诫。

朱子注“修道之谓教”云：“圣人因人物之所当行者，而品节之，以为法于天下。”又云：“因吾之所固有者裁之也。”

窃谓圣贤书籍，教人做好人，都是因所当行，因所固有，并非强勉添设。学者读书，苟悟及此，将书与我合而为一，自然走入圣贤路上去，方不是空读书不识字人也。

释义：

“修道之谓教”，是《中庸》开头三句里的一句。三句连在一起是：“天命之谓性，率性之谓道，修道之谓教。”朱熹先生说，《中庸》一篇，乃“孔门传授心法，子思恐其久而差也，故笔之于书，以授孟子”。这前三句尤为重要，朱熹先生做了详细的注解。前两句不说，只说这第三句。连带也把上文中引用的一句话说清了。朱先生说：

> 修，品节之也。性道虽同，而气禀或异，故不能无过不及之差，圣人因人物之所当行者而品节之，以为法于天下，则谓之教，若礼、乐、刑、政之属是也。盖人之所以为人，道之所以为道，圣人之所以为教，原其所自，

无一不本于天而备于我。

学者知之，则其于学，

知所用力而自不能已矣。

这段话的意思是说，圣人教我们的那些称之为“教”的东西，并不是圣人别出心裁想出来的，而是依据作为一个人应当做的“品节”出来的。就是，我们自身有这些向善的本性与本能，我们不一定完全弄得清他们，圣人不过是替我们梳理了一下再告诉我们。这样一说，就知道，圣人的教化，对我们来说，不是什么学习的负担，也不是什么精神的枷锁，而是我们原本的心性，天生的向往，“无一不本于天而备于我”。一个读书人，懂得了这个道理，他的读书学习，就不再是什么痛苦的事。想通了，有了心劲，就知道该向何处努力，你就是想让他停

竊謂聖賢書籍。教人做好人。都是因所當行。因所固有。並非強勉添設。學者讀書。苟悟及此。將書與我合而爲一。自然走入聖賢路上去。方不是空讀書。不識字人也。

下来都停不下来了。

“因吾之所固有者裁之也”，大致也是这个意思。

龙炳垣先生的评点，说得就更明白了。读圣贤书，做好人，都是因所当行，因所固有，绝非勉强添设。读书人若能悟到这地步，你读的书，和你这个人，合为一体，自自然然的，就走到圣贤的路上去了。只有这样，才不是个空读书不识字的人。搁在今天，那就是，读书不是什么身外事，也不是什么勉强事，乃是一个文化人的本分，只有这样做了，你才会成为一个对社会有用的人，而不是一个空担着读书人的名义，实际上是连字都不识的人。

原跋

右《读书做人谱》，龙晓崖先生作也。先生四川新繁增生，学使杨公秉璋以实学荐，同治五年八月奉上谕赏给翰林院待讲衔，尚著有《朱子讲学辑要编》，亦梓于川中矣。此编得之令子夔荣，荣宦金昌，以贻林君荫村者。夔承借读家，紫田徐云衢见而欣赏，因相与集资重为授梓，公诸同志先生。此编简切而赅洽，各谱中所引，虽寥寥数事，实足感发志意，陶冶性情。如《士谱》首列陆树声、严宗二事，诚士人顶门之针，当头之棒。夫出身苟耻夤缘，在位不甘攀附，士习那得不端？仕途那得不肃？如《忠谱》所载，韩魏公、程伊川先生、于忠肃公、张霸州数事，及《师谱》中吕新吾选取社师之法，使亲民者于此实心体察，实力奉行，则苍赤蒙其庥塞，晏美共化，又何须别求方略，广摭奇篇。而后府有好官，时有循治哉。至其它之壹于简切，因皆称是。夔承获执校勘之役，乃小为整齐之，并志其缘起云。

同治十有一年三月壬子含山张夔承敬书

释义：

这是原书上的跋，说了些书的成书与印制的经过。晓崖是龙炳垣先生的字。

不必做什么解释，用白话文翻译一下就行了。

这本《读书做人谱》，是龙晓崖写的。龙先生是四川新繁县的增生，四川学使杨秉璋先生以实学上荐，同治五年八月奉上谕，赏给龙先生翰林院待讲的头衔。龙先生还著有《朱子讲学辑要编》，也在川中印出来了。印制所用的本子，是从龙先生的儿子燮荣先生那儿得到的。燮荣在金昌做官，把这本书送给了林荫村先生。我借来在家里读，徐云衢先生见了很欣赏，我们就一起集资重为刊印，公诸有同样爱好的朋友们。这本书简单切要而又精审渊博，各谱中所引用的，虽寥寥数事，实足感发志意，陶冶性情。如《士谱》首列陆树声、严宗二事，真是读书人的顶门之针、当头之棒。只要在科举上耻于人身依附，在官位上不甘于结党营私，士人的风气怎能不端正？仕途哪得不肃整？如《忠谱》所载，韩魏公、程伊川先生、于忠肃公、张霸州几件事，还有《师谱》中吕新吾选取社师的办法，倘若当官的人，于此实心体察、实力奉行，那么老百姓就能得到好处，社会风气就会好转，又何须别处另求方略，到处去找什么奇篇呢？从此之后，州府里有好官，怎么会治理不好呢。至于全书的简明切要，安排恰当，都没有什么说的。我揽下了校勘的事，略做了些整理的工作，再记下这件事的缘起。

图书在版编目（C I P）数据

读书做人谱 /（清）龙炳垣编撰；韩石山释义．--
太原：三晋出版社，2012.8
ISBN 978-7-5457-0591-1

Ⅰ．①读… Ⅱ．①龙… ②韩… Ⅲ．①个人－修养－
通俗读物 Ⅳ．①B825-49

中国版本图书馆 CIP 数据核字 (2012) 第 175767 号

读书做人谱

编　　撰：（清）龙炳垣
释　　义：韩石山
出 版 人：张继红
出版统筹：原　晋
责任编辑：解　瑞　赵亮亮
责任印制：李佳音
装帧设计：朱赢椿　杨杰芳

出 版 者：山西出版传媒集团·三晋出版社（原山西古籍出版社）
地　　址：太原市建设南路 21 号
邮　　编：030012
电　　话：0351—4922268（发行中心）
　　　　　0351—4956036（综合办）
网　　址：http:// www.sjcbs.cn

经 销 者：新华书店
承 印 者：北京雅昌艺术印刷有限公司

开　　本：880mm×1230mm　1/32
印　　张：9.75
字　　数：186 千字
版　　次：2016 年 8 月 第 1 版
印　　次：2016 年 8 月 第 1 次印刷
书　　号：978-7-5457-0591-1
定　　价：58.00 元